Bruno P. Kremer

Mein Garten – ein Bienenparadies

Haupt
NATUR

Bruno P. Kremer

Mein Garten –
ein Bienenparadies

Die 200 besten Bienenpflanzen

Haupt Verlag

Bruno P. Kremer studierte Biologie, Chemie und Geologie. Nach langjähriger Tätigkeit in der Forschung sowie als Wissenschaftsjournalist lehrte er am Institut für Biologie und ihre Didaktik der Universität zu Köln. Er veröffentlichte zahlreiche erfolgreiche Natursach- und -erlebnisbücher.

Umschlagabbildungen
Vorne: Orangen-Schmuckkörbchen: Brinkmann/OKAPIA; Gartenszene: McPHOTO/Blickwinkel
Rücken: Honigbiene auf Krokus: Daniel Schwen/Wikimedia Commons/CC-BY-SA-2.5
Hinten: Wilde Karde mit Erdhummel: J. Fieber/Blickwinkel; Robinienblüte: Peter Bohot/Pixelio; Honigbiene auf Kirschpflaumenblüte: Bernie Kohl/Wikimedia Commons/CC-BY-SA-3.0; Blumen im Gegenlicht: A. Held/Blickwinkel

Gestaltung und Satz: pooldesign.ch
Lektorat: Claudia Huber, D-Erfurt

1. Auflage: 2014

Bibliografische Information der *Deutschen Nationalbibliothek*
Die Deutsche Nationalbibliothek verzeichnet diese Publikation in der Deutschen Nationalbibliografie; detaillierte bibliografische Daten sind im Internet über http://dnb.dnb.de abrufbar.

ISBN 978-3-258-07844-1

www.haupt.ch

INHALT

Naturnaher Garten

Vorwort

Blüten und Bienen

Die meisten Menschen leben heute reichlich natur-fern in großen Städten. Erschreckend viele kennen die Natur entweder nur vom Hörensagen oder von gelegentlichen TV-Features. Der Zusammenhang von goldgelbem Honig auf dem frischen Frühstücksbröt-chen und der sprichwörtlich fleißigen Sammelarbeit der Honigbienen auf bunten Blüten ist zwar im Prinzip verbreitetes Allgemeinwissen, aber was sich dahinter an faszinierenden und wissens- bis staunenswerten biologischen Detailabläufen verbirgt, ist weitaus weni-ger bekannt. Auf diese spannenden Sachverhalte öffnet dieses Buch mancherlei Fenster.

Das ausgeklügelte, immer wieder überraschende und spezielle Beziehungsverhältnis zwischen Bienen und Blüten bzw. Blumen könnte daher ein ziemlich vehe-menter Impuls dafür sein, sich nicht nur für die Natur

Honigbiene beim Blütenbesuch

im Großen und Ganzen als etwaige Wochenend- oder Urlaubskulisse zu begeistern, sondern auch aktiv etwas dafür zu tun. Dass im Supermarktregal eine größere Auswahl verführerisch leckerer Honige bereitsteht, ist nämlich keineswegs selbstverständlich. Diese besondere Angebotslage setzt tatsächlich einigermaßen intakte Beziehungsgefüge zwischen Blüten und Bienen sowie anderen Insekten als bestäubenden Besuchern voraus. Sieht man sich indessen in der realen, weithin technisch dominierten und entsprechend vereinheitlichten bis verkommenen Landschaft um, sind durchaus berechtigte Zweifel an deren ökologischer Funktionsfähigkeit angebracht. Hier hat nicht nur die Honigbiene ihre konkreten Probleme, sondern mit ihr die gesamte komplexe und im Prinzip gänzlich unentbehrliche weitere Ver-

wandtschaft von den Hummeln über die Schwebfliegen bis zu den Schmetterlingen. Es gibt demnach wirklich ernst zu nehmende Gründe dafür, warum man im eigenen Garten kaum noch Bienen, Hummeln oder Schmetterlinge erleben kann. Das muss uns zu denken geben.

Wenn Sie also im eigenen Wohn- und Wirkumfeld für etwas mehr lebendige Naturnähe sorgen und anstelle von monotonem Dauergrün in den Garten wieder die ursprüngliche Buntheit einziehen lassen, wie sie etwa die traditionellen Kloster- und Bauerngärten so hinreißend praktizierten, wäre das für alle Beteiligten ein unglaublicher Gewinn. Nichts spricht gegen die Aufrüstung des Gartens zur Bienen-, Hummel- bzw. Falteroase. Genau dies ist das zentrale Anliegen dieses Buches.

EINFÜHRUNG

BIENEN IM BLICKPUNKT

Wenn in der Öffentlichkeit die Rede auf Bienen kommt, ist fast immer die nicht nur dem Namen nach allgemein bekannte und geschätzte Honigbiene gemeint. Der schwedische Arzt und Naturforscher Carl von Linné (1707–1778), der für alle Lebewesen ein umfassendes Benennungs- und Einteilungssystem mit zweiteiligen, aus dem Lateinischen oder Altgriechischen entnommenen Begriffen entwarf (Eigenzitat: «Gott schuf die Welt, und Linné ordnete sie»), gab der Honigbiene 1758 in der zehnten Auflage seines Hauptwerkes «Systema Naturae» den Namen *Apis mellifera* (= die Honig*tragende*). Als ihm jedoch klar wurde, dass die Honigbienen lediglich Nektar einsammeln und daraus erst im Stock über einen mehrstufigen Prozess den begehrten Honig herstellen, benannte er sie 1761 in einer weiteren Auflage in *Apis mellifica* (= die Honig*machende*) um. Nach den heutigen, international sehr streng gehandhabten wissenschaftlichen Benennungsregeln ist jedoch nur *Apis mellifera* der gültige, weil ältere, Name, wenngleich er begrifflich bedauerlicherweise nicht völlig korrekt ist.

Artenarm im Riesenheer

Die Insekten (Klasse Hexapoda = Sechsfüßer im Stamm Arthropoda = Gliederfüßer) sind mit insgesamt vermutlich weit mehr als zwei Millionen Arten die mit Abstand umfangreichste Verwandtschaftsgruppe des Tierreiches. Kein Biowissenschaftler kann ihre immense Arten- und Formenvielfalt auch nur annähernd überschauen. Allein die Insektenordnung Hymenoptera (= Hautflügler), zu der Ameisen, Bienen und Hummeln gehören, ist mit ihren mindestens 150 000 verschiedenen Spezies geradezu unfassbar artenreich und als solche sogar die größte Insektengruppe. Zu diesem Bild passt nun aber so gar nicht der Befund, dass die Gattung *Apis* nur neun verschiedene Arten umfasst. In Asien sind insgesamt acht *Apis*-Arten verbreitet, während die uns vertraute Honigbiene *(Apis mellifera),* in der Fachwissenschaft genauer als Westliche Honigbiene bezeichnet, als neunte Art überraschenderweise die einzige von Natur aus in Europa und Afrika beheimatete Spezies ihrer Gattung ist. Angesichts des Artenreichtums ihrer überaus zahlreichen näheren

Westliche Honigbiene beim Blütenbesuch

Biene der *carnica*-Rasse *(Apis mellifera carnica)*

Verwandtschaft könnte die Gattung *Apis* daher auf den ersten Blick als relativ unbedeutende Randgruppe erscheinen. Jedoch: Auch wenn *Apis mellifera* von Natur aus eine ausgesprochene Altweltart ist, wurde sie durch den Menschen tatsächlich auf alle Kontinente verbreitet und ist daher heute ein Kosmopolit. Man findet sie sogar im denkbar weit entfernten Neuseeland. Ihr erhaltender und gestaltender Wert für die Biosphäre ist – im Verbund mit ihrer gesamten Verwandtschaft – geradezu unermesslich.

Des Menschen kleinstes Haustier

In ihrem großen natürlichen Verbreitungsgebiet bildet die Westliche Honigbiene zahlreiche Regionalrassen. Insgesamt sind es 25, wovon allein rund um das Mittelmeer 14 einigermaßen klar unterscheidbare Formen vorkommen. Die für Mitteleuropa bedeutsamsten sind die Dunkle Biene (*Apis mellifera mellifera*, auch Nordbiene genannt), die Kärntner Biene *(Apis mellifera carnica)* und die Italiener-Biene *(Apis mellifera ligustica)*. Die drei Rassen unterscheiden sich in mehreren Merkmalen, darunter in Schwarm- und Sammelverhalten sowie in Angriffsbereitschaft und Honigertrag. Bei Imkern besonders beliebt und daher heute am weitesten verbreitet ist die *carnica*-Rasse. Sie ist eine schlanke, friedfertige Biene mit grauer Behaarung. Im Frühjahr baut sie aus relativ kleinen Überwinterungsbeständen erstaunlich rasch große, leistungsfähige Völker mit bis zu 80 000 Individuen auf.

Da sich alle Bienenrassen innerhalb des Artrahmens von *Apis mellifera* problemlos kreuzen lassen, haben die Imker schon vor Jahrzehnten versucht, die besonders gewünschten Leistungsmerkmale der einzelnen Rassen entweder durch gezieltes Einkreuzen oder auch durch Auslesezucht zusammenzuführen. 1916 kreuzte Bruder Adam im südenglischen Benediktinerkloster Buckfast Abbey Italiener-Biene und verschiedene Formen der Nordbiene. Es entstand die vor allem bei Berufsimkern als gute Wirtschaftsbiene recht beliebte Buckfastbiene. Der eigentlich für die

Gebiete nördlich der Alpen typischen Nordbiene (*mellifera*-Rasse) gelten zurzeit besondere Bemühungen zur gezielten Erhaltungskultur.

Die heute von den Imkern betreuten Honigbienen – allein die im Deutschen Imkerbund zusammengeschlossenen Berufs- und Hobbyimker halten etwa 900 000 Bienenvölker – sind im Grunde genommen fast schon Haustiere geworden – aber nur, weil sie a) in gewissem Maße gezüchtet werden (wurden) und b) sich ohne nennenswerte Gegenwehr ihren mühselig produzierten Honig abnehmen lassen. Auch ohne menschliches Zutun, etwa durch Bereitstellung geeigneter Behausungen (früher Bienenkörbe oder -krüge, heute fast immer Bienenkästen, fachmännisch Beuten genannt), könnte die Honigbiene in der modernen Kulturlandschaft überleben, aber sie nimmt die angebotenen Nistmöglichkeiten sehr bereitwillig an. Honigbienen sind nach Haushuhn, Rind und Schwein des Menschen wichtigstes Haustier.

Die umfangreiche Verwandtschaft

Die moderne zoologische Systematik stellt die Honigbiene innerhalb der Hautflügler in die Familie Apidae, die unter anderem auch die 53 heimischen Arten der Hummeln (mit der wichtigen Gattung *Bombus*) umfasst.

Außer der Gattung *Apis* mit der einzigen in Europa weit verbreiteten *Apis mellifera* umfasst die Familie Apidae etwas mehr als 1000 verschiedene Arten, die

Nordbiene *(Apis mellifera mellifera)*

zwischen etwa 1,3 mm und 3 cm groß sind. Zwischen Nordsee und Alpen sind es rund 600 Arten mit einem deutlichen Anstieg von Norden nach Süden: In Schleswig-Holstein sind es etwa 200 Spezies, in Österreich und der Schweiz aber durchweg mehr als 600. Alle diese Arten bezeichnen die Systematiker heute als Wildbienen. Jede dieser Wildbienen-Arten hat besondere Lebensraumansprüche und eine bei genauerem Hinsehen absolut faszinierende Biologie. Sie stehen darin der durch jahrzehntelange, intensive Forschung fast schon bis ins letzte Detail genauestens bekannten Honigbiene kaum nach und sind erst recht nicht weniger wertvoll, auch wenn der Mensch sie nicht gezielt zur Honiggewinnung einsetzt.

Die weitaus meisten Vertreter der Familie Apidae sind ausgesprochene Nahrungsspezialisten: Sie ernähren sich ausschließlich von Blütenprodukten (Pollen, Nektar, Öl) und sind somit strenge Vegetarier. Dieser Sachverhalt begründete einzigartige und folgenreiche Beziehungsgeflechte mit den höheren Pflanzen (vgl. S. 14 f.).

Unauffällige Lebensweise

Während Honigbienen in ihren Kästen oder Körben ein für alle Beobachter durchaus wahrnehmbares Treiben entfalten, führen die zahlreichen Wildbienen-Arten ein eher zurückgezogenes Leben. Man bemerkt diese Eremiten eigentlich nur während ihrer Blütenbesuche, wenn man – beispielsweise vom

Schenkelbiene *(Macropis europaea)*

Sandbiene *(Andrena fulva)*

Eine Hummel *(Bombus pratorum)* im Flug

gemütlichen Liegestuhl aus – gezielt auf die eintreffenden Blütengäste achtet.

Die Unauffälligkeit dieser Tiere hat einen einfachen Grund: Bienen und Hummeln sind ebenso wie viele Wespen soziale Insekten. Sie bauen während des Sommers (relativ) individuenreiche Völker auf. Nur bei der (halbwegs domestizierten) Honigbiene sind diese gewöhnlich mehrjährig. Bei den Hummeln löst sich der Sommerstaat am Ende der Vegetationsperiode auf: Die bereits begatteten Jungköniginnen suchen ein geschütztes Winterquartier und begründen im folgenden Frühjahr ein neues Volk.

Die Wildbienen sind dagegen in aller Regel solitäre, nämlich einzeln bzw. als Einsiedler und nur erstaunlich kurze Zeit lebende Tiere. Sie betreiben keine ständige Brutpflege – im Gegensatz zu Honigbienen und Hummeln, die ihren Nachwuchs regelmäßig füttern und auch auf andere Weise intensiv versorgen. Sobald sich die im Frühjahr schlüpfenden Solitärbienen gepaart haben, beginnt das befruchtete Weibchen mit der Anlage eines Nestes – je nach Art in markhaltigen Stängeln oder Ästchen (Brombeere, Holunder), in gealtertem («vergrautem») und von

Vorbewohnern wie Käferlarven durchlöchertem Totholz, ferner in Mauerfugen, Steinhaufen und lockeren Sandböden, manchmal auch in Fensternuten oder sogar in Schlüssellöchern. Die Wildbiene trägt in kurzer Zeit mengenweise Pollen und Nektar in diese Brutkammern ein und legt ein Ei darauf ab. Die alsbald schlüpfende Larve hat damit bis zur Verpuppung einen üppig bemessenen Futtervorrat. Diese Nachkommenpflege nennt man Brutfürsorge. Ein weiterer Kontakt zwischen der Nachkommenschaft und der Mutter besteht hier demnach nicht.

Sind Bienen gefährlich?

Alle – wirklich alle – Wildbienen sind harmlos. Sie greifen den Menschen nicht grundlos an. Auch Honigbienen und Hummeln sind durchaus friedfertig. Allerdings dulden sie keine Störenfriede in unmittelbarer Nähe ihrer Nester und versuchen daher, die vermeintlichen oder tatsächlichen Honigdiebe durch gezielte Angriffe zu vertreiben. Alle Bienen stechen somit nur dann, wenn sich die Weibchen akut bedroht fühlen – wenn man beispielsweise barfuß über eine Wiese läuft und versehentlich auf sie tritt oder wenn sie

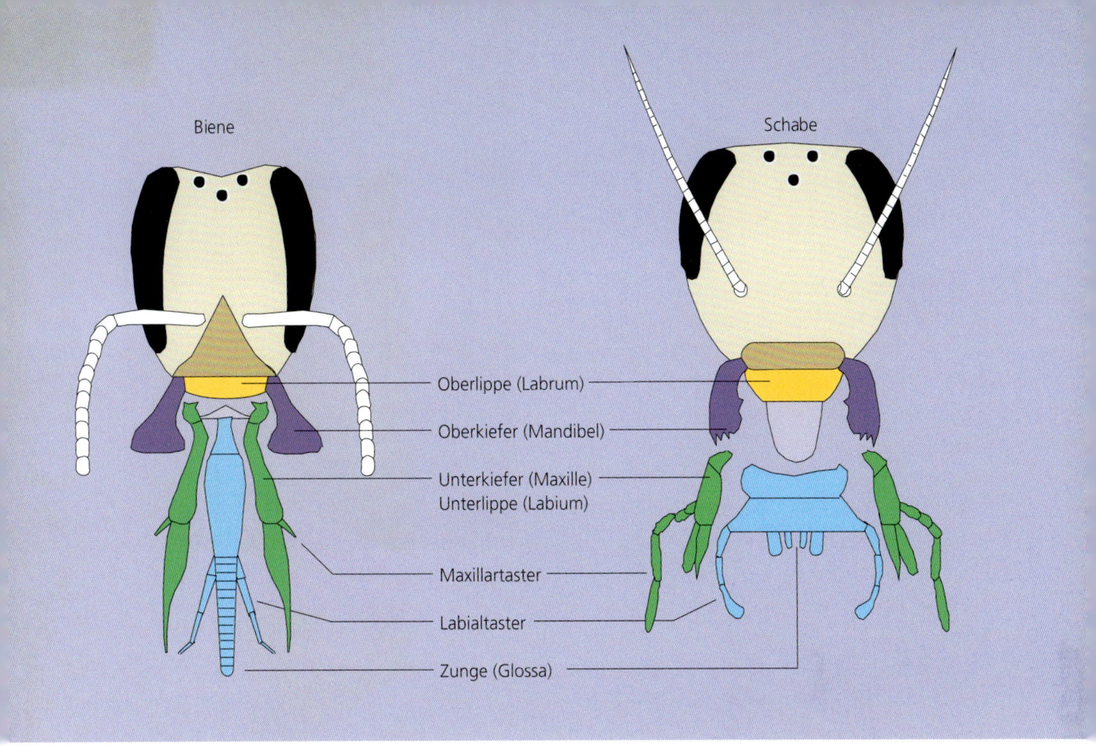

Biene

Schabe

Oberlippe (Labrum)

Oberkiefer (Mandibel)

Unterkiefer (Maxille)
Unterlippe (Labium)

Maxillartaster

Labialtaster

Zunge (Glossa)

Spezialisierte Mundwerkzeuge einer Biene im Vergleich zu den eher ursprünglichen einer Schabe

unglücklicherweise zwischen Hemd und Haut geraten sollten.

Bei allen Bienen stechen grundsätzlich nur die Weibchen. Ihr Stechapparat, der Stachel, ist ein umgebildeter Legeapparat, wie ihn beispielsweise die interessanten Schlupfwespen als Legebohrer einsetzen. Den Bienen und übrigen Stechimmen dient er zur Verteidigung und zur Abwehr von Nestfeinden. Weil er mit kräftigen, serienweise angeordneten Widerhaken besetzt ist, kann die Honigbiene ihn nicht wieder aus der zähfaserigen Haut des attackierten Wirbeltieres herausziehen. Fliegt die Biene nach erfolgtem und erfolgreichem Stich wieder davon, reißt sie sich also gewöhnlich den kompletten Giftapparat mit Giftblase und -drüse heraus. Diese folgenschwere Verletzung führt zu ihrem Tod. Die zum Angriffszeitpunkt prall gefüllte und eventuell herausgerissene Giftblase entleert ihren Inhalt auch außerhalb der Biene durch automatische Kontraktionen der zum Giftapparat gehörenden Muskulatur.

Bei einem Stich injiziert eine Biene aus ihrem etwa 2–3 mm tief eingedrungenen Stachel bis zu etwa 0,1 mg Bienengift – einen reichlich kompliziert zusammengesetzten Stoffmix, der aus naheliegenden Gründen besonders gut erforscht ist. Er besteht aus verschiedenen hochaktiven Enzymen und Peptiden. Etwa vier Prozent der Bevölkerung reagieren auf Bienen-, Hummel- oder Wespenstiche (mit ihrem sehr ähnlich zusammengesetzten Gift) allergisch, mit eventuell tagelang anhaltenden Symptomen. Nur in sehr wenigen Fällen kommt es nach einem Stich zu einem anaphylaktischen Schock, was eine lebensbedrohliche Situation auslösen kann.

Die Hosenbiene *(Dasypoda hirtipes)* gräbt ihre Nester im Sand.

Die Rose ist eine typische Pollenblume.

Bienen: Die Biologie einer besonderen Begegnung

Nüchtern und distanziert betrachtet ist die Beziehung zwischen Bienen und Blüten gänzlich leidenschaftslos. Die flugfähigen und damit zu größeren Aktionsradien befähigten Insekten kommen *nicht* zu den Blüten, *um* sie zu bestäuben, sondern weil die blumigen Einrichtungen mit dem Pollen wertvolle Nahrung bieten. Das biologische Zentralereignis, die Übertragung des Pollens aus Blüte A auf die Narbe von Blüte B, also die Bestäubung, ist dabei aus der Sicht der Blütenbesucher ein nebensächlicher Randeffekt. Daran wirken die Bienen zwar planmäßig, aber nicht gezielt und dennoch unverzichtbar mit. Aus der Perspektive der Blüte stellt sich die Sache ganz anders dar. Sie produziert in ihren Staubbeuteln (Antheren) ein meist respektables Pollenangebot, das mit mancherlei Sonderanpassungen und Tricks in das Haarkleid des tierischen Blütenbesuchers gepudert wird. Ähnlich wie bei den windblütigen Nadelbäumen und den meisten bedecktsamigen Waldbäumen wie Birke, Buche, Eiche oder Hainbuche regiert hier das Prinzip der genügend großen Zahl. Typische Pollenblumen, wie man sie vor allem bei den Vertretern der Hahnenfuß-, Mohn- und Rosengewächse findet, entwickeln in ihren Blüten fast immer unglaublich dicht und zahlreich besetzte Staubblatt«gebüsche» mit einem entsprechend massiven Pollenangebot. So kann eine Mohnblüte tatsächlich mehrere Hundert Staubblätter enthalten.

Wie viele der Pollenkörner, die von den Blütengästen eingesammelt werden, irgendwann schlicht verzehrt werden und wie viele für Bestäubung zur Verfügung stehen, entscheidet der Zufall. Durch die hohe Zahl ist aber fast immer sichergestellt, dass ausreichend viele Pollenkörner auf das Zielorgan Narbe gelangen.

Wie Bienen Pollen sammeln

Durch raffinierte Sondereinrichtungen erleichtern viele Blüten die gezielte Pollenaufladung auf den Blütenbesucher: Vielfach positionieren sie ihre Staubblätter exakt so, dass Biene oder Hummel bei ihrem Beutezug unweigerlich daran vorbeistreifen müssen.

Oft spezialisieren sie sich dabei sogar auf bestimmte Körperpartien ihrer Bestäuber: Manchmal erfolgt die Pollenaufladung ausschließlich auf die Bauchseite, mitunter auch nur im Brustbereich oder am Kopf, und bei einigen Arten – so etwa beim Wiesen-Salbei *(Salvia pratensis)* – gibt es sozusagen was hinten drauf.

Nicht alle Wildbienen verfahren beim Pollensammeln wie die Honigbiene. Die Vertreter der urtümlichen Verwandtschaftsgruppe Maskenbienen sind fast unbehaart; sie müssen den Pollen daher verschlucken und im Kropf wegtragen. Man bezeichnet sie deswegen als Kropfsammler. Alle anderen Bienengruppen transportieren den Pollen außen am Körper. Zu den Bauchsammlern gehören beispielsweise die Woll- und Harzbienen (Gattung *Anthidium*), Löcherbienen (Gattung *Eriades*), Mauerbienen (Gattung *Osmia*) und Blattschneiderbienen (Gattung *Megachile*). Fast alle anderen Bienen befördern den Pollen außen auf ihren Hinterbeinen. Je nach Üppigkeit und Verteilung der Haare resp. Borsten unterscheidet man Schenkelsammler wie die Sandbienen (Gattung *Andrena*), Schienensammler wie die Pelzbienen (Gattung *Anthophora*) und Körbchensammler, zu denen die Honigbiene und die Hummeln gehören.

Das Werkzeug ist immer dabei

Nach dem Aufenthalt in einer Pollenblume sehen die Körbchensammler (Honig)Biene und Hummel

fast so aus, als seien sie in eine (gelbe) Mehltüte gefallen: Über und über sind sie kräftig eingepudert. Für die Pollenübertragung in der nächsten besuchten Blüte ist das natürlich eine glückliche Fügung und biologisch so beabsichtigt. Den mit Pollen beladenen Tieren geht es jedoch ausschließlich um den Nahrungserwerb. Die im gesamten Haarkleid verteilten Pollenkörner müssen nun eingesammelt und irgendwie konzentriert werden. Die Honigbiene ist ein auch daraufhin ausgiebig untersuchtes Beispiel und mag die Vorgänge besser verstehen helfen. Direkt beobachten kann man die Abläufe im Einzelnen beispielsweise durch genaueres Beobachten von Bienen, die sich in und an einer blühenden Sal-Weide (Salix caprea) zu schaffen machen. Die Pollenaufladung auf der Behaarung beinahe aller Körperpartien erfolgt nahezu automatisch, weil die Tiere alle erreichbaren Staubblätter eines männlichen Blütenstandes kräftig anrempeln. Die anschließende Reinigung ihres Haarkleides erledigen sie im (Schwirr-) Flug zwischen zwei Blütenbesuchen: Im Einsatz sind jetzt vor allem die Beine, die perfekte Werkzeugkästen darstellen (vgl. Abb. S.17). Das erste der fünf Fußglieder (= Metatarsus) eines Bienenbeines – bei Hummeln liegen die Verhältnisse ganz ähnlich – ist auffällig vergrößert und trägt auf seiner Innenseite mehrere Borstenreihen, die zusammen eine Art Bürste bilden. Die Bürsten der beiden vorderen Beinpaare fegen den Pollen aus dem Pelz vom Kopfbereich und aus dem Brustabschnitt zusammen, während sich die beiden Hinterbeine um die Pollenbeladung auf dem Abdomen kümmern. Vorderes und mittleres Beinpaar geben ihre Ausbeute nach hinten weiter. Die von den Bürstenhaaren zusammengefegten Pollenkörner nimmt jeweils ein am unteren Ende des Unterschenkels (Tibia) angebrachter Borstenkamm ab: Der Kamm des rechten Beines befreit die Bürste auf der linken Innenseite von ihrer Pollenfracht und umgekehrt. Der Fersensporn am Metatarsus schiebt die versammelte und schon stärker verdichtete Pollenmasse auf die Außenseite des

Oben: Mit Pollen eingepuderte Biene
Unten: Vielfalt der Pollenkörner; links sind zum Vergleich vier Farnsporangien abgebildet.

Hinterbein-Unterschenkels. Dort entsteht bei weiterem Pollennachschub bis zur Fassungsgrenze das Höschen – wie Imker die außen auf den Hinterbeinen aufgeladene und durch Randborsten gesicherte Pollenernte nennen. Außerdem drücken die Bienen und Hummeln beim «Höseln» die eingesammelten Pollenkörner noch kräftig zusammen und feuchten sie zusätzlich an, damit sie auf jeden Fall den eventuell längeren Flug überstehen. Pollenhöschen sehen daher im Lupenbild immer auffallend glänzend aus, obwohl die Pollenkörner selbst durchweg

Blüte vom Drüsigen Springkraut *(Impatiens glandulifera):* ökologisch kritisch, obwohl für Insekten interessant.

Höselnde Biene

matt sind. Zuhause im Stock nehmen die mittleren Beine den Pollenklumpen ab. Jedes Höschen kann bis zu 10 mg wiegen und rund eine Million Pollenkörner enthalten. Absolut «topclean» sind die Bienen und Hummeln nach dem Ausbürsten des Pollens jedoch keineswegs. Überall hängen noch einzelne Pollenkörner im Pelz, und genau diese Fraktion, die dem Fegeprozess entgangen ist, garantiert die richtige Dosis für die Bestäubung der aufgesuchten Blüten.

Aktion am falschen Platz? Pollenpiraterie

Das übliche Bild hat klare Konturen: Bienen besuchen Blüten, ernten hier proteinreichen Pollen oder andere wertvolle Nahrung und leisten dafür im Gegenzug die Bestäubung, die Befruchtung und Frucht- bzw. Samenbildung vorangehen muss. Gegenüber den tierbestäubten (zoo- bzw. entomophilen) Blüten bilden die mit abiotischen Pollenverbreitungsmitteln wie Wasser oder Wind arbeitenden Blütentypen eine deutlich getrennte Gesellschaft, für die sich die blütenbesuchenden Tiere angeblich überhaupt nicht interessieren. Für die große Zahl der Nacktsamer (Nadelhölzer) und Gräser trifft diese Feststellung tatsächlich zu. Bei den häufigen Wald bildenden Laubbäumen und -sträuchern sieht die Sache überraschenderweise doch ein wenig anders aus: An den im Frühjahrswind locker baumelnden männlichen Kätzchen blühender Birken sieht man eine Menge Honigbienen. Die männlichen Blütenstände werden bis 10 cm lang, produzieren je Staubblatt etwa 10 000 und je Kätzchen schätzungsweise

über fünf Millionen Pollenkörner. Je Hektar bringt es ein Birkenbestand auf etwa $5,5 \times 10^9$ Pollenkörner – ein gigantisches Angebot, das sich die Bienen natürlich nicht entgehen lassen: Sie sammeln den aus den geöffneten Antheren auf die schmucklosen Perianthblätter herabgerieselten Pollen eifrig ein, besuchen aber keine weiblichen Blüten(stände), sodass diese Pollenkörner für den Baum quantitativ als Verlust zu verbuchen sind. Ähnlich sieht es übrigens beim Haselnuss-Strauch, bei Schwarz-Erle, Rot-Buche und den heimischen Eichen-Arten aus. Alle anderen windblütigen Gehölze sind für die Bienen allenfalls als Quelle der Honigtautracht von Bedeutung (S. 18).

Hochprozentige Flüssignahrung

Neben dem proteinreichen Pollen bieten viele tierbestäubten Blüten ihren Besuchern eine hochkonzentrierte, klebrige Zuckerlösung, den Nektar. In den Blüten ist Nektar immer das Sekret besonderer Drüsen, der Nektarien. Diese sind allerdings nicht dessen Entstehungsort, sondern nur die Übergabestation. Alle zuckerigen Bestandteile des Nektars stammen aus dem Fotosynthesebetrieb der grünen Laubblätter. Sie werden über die Leitbündel von Blättern und Stängeln in die Drüsenfelder der Nektarien transportiert und dort mithilfe komplizierter Mechanismen als Nektar freigesetzt.

Nektardrüsen (Nektarien) sind eine bei höheren Pflanzen weit verbreitete Einrichtung. Man findet sie beispielsweise auch an den Wedeln des Adlerfarns *(Pteridium aquilinum),* und tatsächlich statten auch

Bienen den Adlerfarn-Wedeln gelegentlich Besuche ab. Bei den Blütenpflanzen treten Nektarien beispielsweise am Übergang Blattstiel/Blattspreite der Kirschbäume (Prunus spp.) als kleine, je nach Art rötlich oder grün gefärbte, knopfartige Gebilde auf. Sie können aber auch schwielige Höckerreihen auf dem Blattstiel bilden wie beim Wasser-Schneeball (Viburnum opulus) oder unauffällige Verdickungen an den Rändern gezähnter Laubblätter wie beim Birnbaum (Pyrus communis) sowie fleckig angelegt sein wie auf den Nebenblättern der Ackerbohne (Vicia faba). In fast allen Verwandtschaftsgruppen der Bedecktsamer sind Vertreter mit Nektarien gefunden worden, sodass man diese nicht unbedingt als ungewöhnliches Ausstattungsmerkmal auffassen muss. Ihre Funktion an den vegetativen Organen der höheren Pflanzen ist bislang ungeklärt. Alle an vegetativen Pflanzenorganen auftretenden Nektardrüsen bezeichnet man als extraflorale Nektarien. Im Gegensatz zu

den Pollen produzierenden Staubbeuteln (Antheren) sind sie also gar nicht an die Blüte gebunden. Die nur in den Blüten vorhandenen Nektardrüsen sind dann konsequenterweise die (intra)floralen Nektarien. Art- bzw. gattungsspezifisch verschieden können sie an fast allen Blütenorganen auftreten, kommen so jedoch nur bei tierbestäubten Blüten vor. Als Achsen- oder Diskusnektarien finden sie sich bei vielen Bedecktsamigen am Blütenboden. Auch die Wand des Fruchtknotens kann Nektar absondern, wie beispielsweise beim Scharfen Mauerpfeffer (Sedum acre) oder bei Traubenhyazinthe (Muscari spp.), Blaustern (Scilla bzw. Hyacinthoides spp.) sowie den Weißwurz-Arten (Polygonatum spp.). Nektardrüsen können an den Staubblättern bzw. deren Stielchen angebracht sein. Bei den Veilchen (Viola spp.) und den Lerchensporn-Arten (Corydalis spp.) sondern stark verlängerte Filamentauswüchse den Nektar ab. Fallweise übernehmen Kronblätter die Nektarproduktion,

Aufbau und Funktionsteile des dritten Beinpaares einer Honigbiene

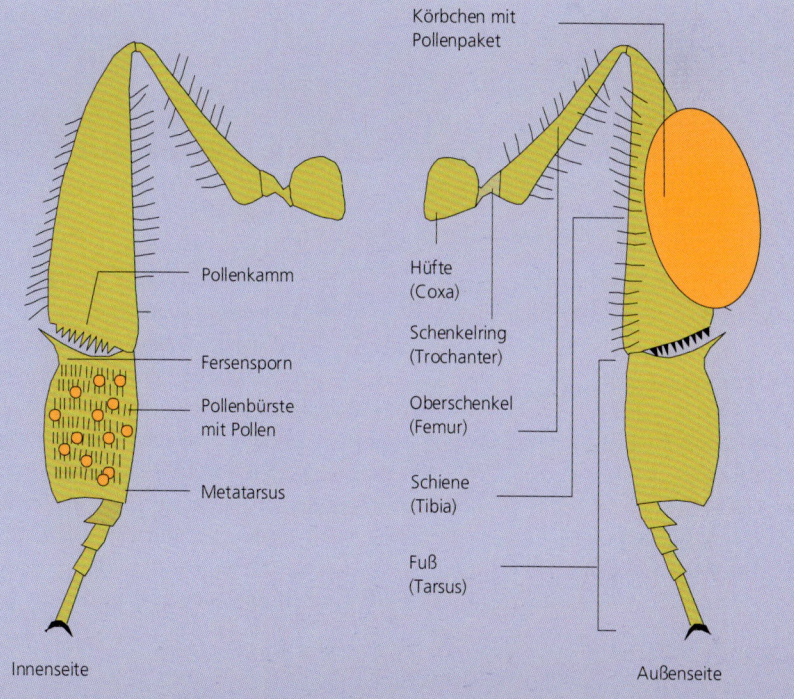

Oben links: Biene an Hasel-Kätzchen
Oben rechts: Extraflorale Nektarien am Blattstiel der Vogel-Kirsche *(Prunus avium)*
Unten: Intraflorale Nektarien der Wolfsmilch-Arten *(Euphorbia sp.)*

beispielsweise bei den *Frittilaria*-Arten (Kaiserkrone u. a.) oder den Vertretern der Berberitzengewächse (*Mahonia* spp. und *Berberis* spp.). Kelchblattnektarien finden sich bei den Malven (*Malva* spp.), Linden (*Tilia* spp.) und Springkräutern (*Impatiens* spp.).

Ausflugslokal mit Tankstellen

Nektarien sind demnach bei den höheren Pflanzen nichts Ungewöhnliches, aber außerordentlich bemerkenswert ist ihre enge Einbindung in das Funktionssyndrom Tierbestäubung. Mit ihrem verführerischen und meist sehr reichlichen Zuckerangebot konnten sich die Blütenpflanzen damit gerade solche Tiergruppen als Besucher und konsequenterweise als Bestäuber erschließen, die sich wegen ihrer Mundwerkzeuge nur leckend und/oder saugend von flüssigem Hochprozentigem ernähren können. Das trifft neben den Bienen und Hummeln unter anderem auf viele Zweiflügler (Diptera) und fast alle Schmetterlinge (Lepidoptera) zu.

Vielfalt der Nektarproduktion (Nektardrüsen, rot dargestellt) und der Nektardarbietung bei verschiedenen Gattungen. 1–3 Nektarblätter: 1 Eisenhut *(Aconitum)*, 2 Winterling *(Eranthis)*, 3 Hahnenfuß *(Ranunculus)*; 4–6 Nektar in Spornen: 4 Nektar im Kelchblattsporn (Springkraut, *Impatiens*), 5 Nektar im Kronblattsporn (Veilchen, *Viola*), 6 Nektar in fünf Kronblattspornen (Akelei, *Aquilegia*); 7–13 weitere Möglichkeiten: 7 Nektarien an der Basis der Kronröhre: Schlüsselblume *(Primula)* und 8 Enzian *(Gentiana)*, 9 ringförmiges Nektarium (Efeu, *Hedera*), 10 Nektarien an den Kelchblättern (Linde, *Tilia*), 11 Nektarien an der Basis der Perigonblätter (Germer, *Veratrum*), 12 Nektarien auf den Staminodien (Herzblatt, *Parnassia*), 13 Nektardrüsenfeld auf der Innenseite der Kronblätter (Schneebeere, *Symphoricarpos*); 14 Nektarien am Griffelpolster (Bärenklau, *Heracleum*), 15 Nektarien an der Basis der Filamente (Mahonie, *Mahonia*), 16 Nektarien zwischen den Filamenten (Schaumkraut, *Cardamine*).

Blütensporne der Akelei *(Aquilegia vulgaris)* mit Einbruch-Kennzeichen

Natürlich kommen Bienen und Hummeln, aber auch Käfer, Schwebfliegen, Schmetterlinge und andere flugfähige Insekten nur deswegen zum Ausflugslokal Blüte, weil dieses Leckereien bereithält. Blüten sind gleichsam die Tankstellen bzw. Proviantstützpunkte der fliegenden Kuriere. Obwohl man die tierbestäubten Blüten fachsprachlich auch als zoophil (= tierliebend) bezeichnet, ist das Nahrungsangebot der Blüten keine uneigennützige Fürsorge, sondern ein knallharter Deal auf der Basis Beköstigung gegen Bestäubung.

Manche Blüten bieten ihren Nektar ohne große Umstände an. Der gesamte Blütenboden trieft dann geradezu von Zuckersekret, schon ohne Lupe klar zu erkennen beispielsweise bei den Ahorn-Arten (*Acer* spp.), den Berberitzen (*Berberis* spp.), den Johannisbeeren (*Ribes* spp.) und allen Doldenblütengewächsen (Familie Apiaceae).

Mitunter müssen die Insekten die Nektarvorräte aber erst suchen und der Blüte dabei buchstäblich auf den Grund gehen. Vor allem bei eng röhrenförmig gebauten Kronen oder bei Blüten mit schlankem, nach rückwärts verlängertem Sporn ist die gesuchte Süßspeise immer weit unten bzw. hinten an deren Basis versteckt. Zufällig ist diese Platzierung gewiss nicht. Wenn sich ein Insekt in das Innenleben einer Blüte vertieft und den langen Saugrüssel mit hochviskosem Nektar ordentlich beschmiert hat, bleibt daran beim Rückzug noch mehr Pollen kleben und landet beim nachfolgenden Blütenbesuch auf den weiter vorne in Warteposition stehenden Narben. Somit erhöht versteckt angebotener Nektar die Kontaktzeit zwischen Besucher und Blüte und damit die Chance, dass dieser sich optimal mit Pollen einstäubt.

Blüten sind Ölquellen

Pollensäcke und Nektardrüsen unterbreiten den tierischen Blütenbesuchern ein qualitativ wie quantitativ alle Ernährungsbedürfnisse bedienendes Angebot. Manche Blüten setzen aber noch eins drauf. Sie

Öldrüsen an den Staubblattstielchen der
Gilbweiderich-Arten (*Lysimachia* spp.)

Wie aus Nektar Honig wird

Bienen (und Hummeln) saugen den in den Blüten vorgefundenen Nektar mit ihrem röhrigen Saugrüssel (vgl. Abb. S. 13) auf und speichern ihn in ihrer (eher unzutreffend sogenannten) Honigblase, manchmal auch als Honigmagen bezeichnet. Es handelt sich um eine birnenförmige Erweiterung mit dehnbaren Wänden am unteren Ende der Speiseröhre. Sie kann etwa 60 Mikroliter Nektar aufnehmen. Das Gewicht einer prall gefüllten Honigblase macht dann ungefähr die Hälfte des Körpergewichtes einer Honigbiene oder Hummel aus.

In der Honigblase werden die im Nektar enthaltenen Zweifachzucker (wie die aus Glucose und Fructose zusammengesetzte Saccharose) durch das Enzym Invertase in ihre molekularen Bausteine (Einfachzucker = Monosaccharide) zerlegt. Das dabei aus dem Disaccharid Saccharose (Rüben-/Rohr- bzw. Haushaltszucker) abgespaltene Monosaccharid Fructose (Fruchtzucker) schmeckt etwa 1,4-mal süßer als normaler, im Haushalt verwendeter Zucker. Im Stock wird der so enzymatisch zum Vorhonig umgewandelte Nektar nach Auswürgen mehrfach von Biene zu Biene weitergereicht und so stufenweise eingedickt. Während das frische Sammelgut einen Wassergehalt von bis zu 80 % aufweist, enthält reifer Honig nur noch 17–19 % Wasser. Zum Eindicken auf rund ein Viertel setzt eine Stockbiene ein Tröpfchen ihres Honigblaseninhalts an der Unterseite des Saugrüssels etwa 15 Minuten lang der trockenwarmen Stockluft aus. Daran schließt sich eine zweite Trocknungsphase an: Der halbfertige, nunmehr schon etwas dickflüssigere Honig wird auch nach Einfüllen in die Wabenzellen (etwa 870 Zellen/m²!) noch mehrfach einem warmen Luftstrom ausgesetzt, bis er seinen endgültigen Wassergehalt erreicht hat. Erst jetzt versehen die Stockbienen die Wabenzellen mit einem Wachsdeckel. Nunmehr ist der Honig ernterreif.

bieten ein überraschendes Sonderangebot, das allerdings bei den Blütenpflanzen-Arten Mitteleuropas nur wenig verbreitet ist: Manche Blüten produzieren statt oder ergänzend zu Pollen und Nektar in speziellen Drüsenfeldern auch fette Öle (Lipide).

Die hier in Rede stehenden fetten Öle darf man nicht verwechseln mit den Duft tragenden Blütenölen, die man wegen ihrer Flüchtigkeit auch als ätherische Öle bezeichnet. Sie sind zwar wichtige Komponenten der spezifischen Werbekampagnen der tierbestäubten Blüten, aber nicht Bestandteil von deren Nahrungsofferten. Ein für die eigene Beobachtung gut erreichbares Beispiel sind die aus Südamerika stammenden Pantoffelblumen (*Calceolaria* spp.). Ihre Ölquelle liegt am oberen Innenrand der pantoffelförmig gewölbten Unterlippe. Die in Mitteleuropa als Wild- und Zierpflanzen weit verbreiteten Gilbweiderich-Arten (*Lysimachia* spp.) produzieren ihr fettes Öl in zahlreichen Drüsenhaaren an den Staubblattfilamenten.

Oben: Honigwabe, teils gedeckelt
Unten: Erntereife Honigwabe

Schwebfliege sammelt Nektar von Blattrandnektarien.

Bienenfleiß – abgefüllt im Honigglas

Beim Pollen- und vor allem beim Nektarsammeln muss eine auf Tracht fliegende Arbeitsbiene strikt darauf achten, ihr höchstzulässiges Startgewicht nicht zu überschreiten. Bei rund 90 mg Eigengewicht kann sie etwa 40 mg Nektar aufnehmen. Andererseits sind die Nektarmengen pro Blüte oft gering. Für eine komplette Honigblasenfüllung muss eine Sammlerin etwa 1000 Klee- oder 200 Taubnessel-Blüten anfliegen.

Aus jeder besuchten Blüte gewinnt sie je nach besuchter Pflanzenart und außerdem tageszeitenabhängig etwa 0,1–1 mg reinen Zucker. Ein gestrichener Teelöffel Honig entspricht der Tagesleistung von rund zwei Dutzend Sammelbienen!

Rechnet man diesen Wert auf ein 500-Gramm-Honigglas hoch, so müssen die Bienen dafür etwa zwei Millionen Blütenbesuche absolvieren. Legt man eine ergiebige Trachtquelle mit vielen Einzelblüten in etwa 1000 m Entfernung vom Bienenstock zugrunde, ist für die gesamte Sammelleistung eine Flugstrecke von etwa 120 000 km nötig. Das entspricht dem dreifachen Erdumfang bzw. der täglichen Flugleistung

der Gesamtflotte einer größeren Airline. An einem einzigen Sommertag kann ein fleißiges Bienenvolk mit seinen etwa bis zu 80 000 Mitgliedern soviel Nektar zusammenbringen, wie für etwa 1 kg Honig erforderlich ist.

Bienen nutzen auch Honigtau

Im Honigangebot der professionellen Imker und selbst im Warenhausregal findet sich auch die Produktbezeichnung «Tannenhonig». Einen blütenbiologisch informierten Honigliebhaber muss diese Deklaration verwundern, weiß er doch, dass Tannen und andere Nadelhölzer grundsätzlich windblütig sind und für den Pollentransport überhaupt keine tierische Hilfe in Anspruch nehmen. Folglich sind in ihren einfach konstruierten Blüten(ständen) auch keine Nektardrüsen zu finden. Wieso also Tannenhonig?

Die Quelle des süßen Erntegutes, das auch Bienen von Fichten, Kiefern, Lärchen und Tannen eintragen, sind saugende Blattläuse (Aphidina), aber auch Blattflöhe (Psyllina) und Schildläuse (Coccidea) – allesamt Vertreter verschiedener an Pflanzen saugender Insektenordnungen. Vor allem die Blattläuse sitzen ab

Eine Honigtau absondernde Aphide

Frühsommer oft zu Tausenden an den Zweigen, stechen mit ihrem Rüssel die Stoffleitbahnen an und lassen sich mit dem Zuckersaft aus der fotosynthetischen Produktion der Blätter buchstäblich vollaufen. Dabei sind sie gar nicht so sehr an den Zuckermassen interessiert, sondern eher an anderen wichtigen Nährstoffen. Den überschüssigen, nicht weiter brauchbaren Zuckersaft lassen sie daher unverdaut durch sich hindurchfließen und scheiden ihn einfach als konzentrierte Lösung aus – Blatt- oder Honigtau nennt man diese zuckerig-klebrigen Pflanzensauger-Ausscheidungen. Auf den Laubblättern bildet der in der Tageshitze eintrocknende Zuckersaft eine glänzende Glasur.

DER GARTEN ALS ERSATZNATUR

Die heutige, meist reichlich monotone Kulturlandschaft kann die Nahrungsansprüche von Bienen, Hummeln und anderen Insekten vielfach nicht mehr erfüllen. Nach einem blühstarken Start im Frühjahr mit Löwenzahnwiesen, Rapsfeldern und Obstgehölzen geraten die auf Verköstigung durch Blüten angewiesenen Tiere in ein Sommerloch, weil blütenreiche Krautsäume, blumige Mähwiesen oder sonstige ergiebige Trachtquellen weithin fehlen. Exakt hier könnte Ihr Garten wirksame Abhilfe leisten.

Ein Stück vom Paradies

Menschliches Tun richtete sich bisher fast immer gegen die Natur. Seit Jahrtausenden ringt der Mensch der Wildnis Lebens- und Aktionsraum ab, wandelt die ungebärdige, manchmal sogar gefährliche Naturlandschaft in eine gemäßigte Kulturlandschaft um. Überraschenderweise wirkten diese Eingriffe in den Naturhaushalt nicht immer zerstörerisch. Im Gegenteil – mit der Auflichtung ursprünglich geschlossener Wälder und einsetzender bäuerlicher Flächennutzung hielten seit der Jungsteinzeit völlig neue, zuvor nie dagewesene Lebensraumtypen Einzug in die Landschaft: neben Äckern und Feldern auch Offenfluren, Wiesen und Weiden, Säume und Raine sowie die vielen Kleinbiotope an Haus und Hof. Damit war eine enorme Artenanreicherung verbunden. In der *naturnahen* Kulturlandschaft Mitteleuropas kommt daher ein Vielfaches der Pflanzen- und Tierarten vor, die in der ursprünglichen, vom Menschen noch nicht veränderten *natürlichen* Landschaft zu Hause waren. Auch Gärten waren stets Bestandteil und Ziel dieses Wandels.

In den letzten Jahrzehnten hat die Kulturlandschaft allerdings mit der Intensivierung der Land- und Forstwirtschaft wesentliche Veränderungen erfahren. Anstelle der früheren Vielfalt kleiner Parzellen breiten sich jetzt horizontweit langweilige Mais- oder Zuckerrübenäcker aus.

Vielfach sind die Gärten Spiegelbilder dieser Entwicklung und nur noch nach technischen Gesichtspunkten durchorganisiert. Selbst in ländlichen Gebieten sehen sie oft aus wie beliebiges Vorstadtgrün, beschränken sich auf scheußliche Scherrasen oder eintönige Zwergkoniferen und erscheinen mehr geduldet als geliebt.

Wie sehr hebt sich davon doch ein richtiger Garten mit vielfältigem Pflanzeninventar ab. Hier herrscht unübersehbar Vielfalt auf kleinem Raum. Mehr noch: Ein solcher Garten ist zwar nur ein kleines, aber dennoch äußerst wirksames Miniaturparadies, das auch Kleintieren Lebenshilfe bietet – von Bienen, Hummeln, Schmetterlingen, Schwebfliegen, Käfern und Eidechsen bis hin zu Singvögeln und Igeln. Mit einem naturnahen Garten lassen sich zwar die Schäden an der Landschaft nicht reparieren, aber zumindest die unnötig ausgeräumten Flächen der Siedlungslandschaft ausgleichen helfen. Bunte Gärten mit Wildpflanzen und einer Portion liebenswerter Unordnung sind stückweise gerettete bzw. wiederbegründete Natur – eine kleine, unter Ihren Händen entstehende Ökoinsel.

Plädoyer für die schönen Wilden

Wildpflanzen erfüllen im Naturhaushalt unersetzliche Aufgaben. Je größer der Artenreichtum, umso stabiler sind die betreffenden Lebensgemeinschaften. In natürlichen Biotopen sind die beteiligten Arten nach einem Vorschlag des amerikanischen Biologen Edward O. Wilson (*1929) wie die Buchstaben in einem Sinn tragenden Satz: Nimmt man einzelne oder mehrere davon weg, zerfällt der Rest zu einem chaotischen und zunehmend bedeutungslosen Zeichengemenge (Abb. S. 27).

Schon aus ökologischen Gründen sind artenreiche Gärten deshalb enorm wichtig. Als Träger von Lebensraumfunktionen sind Wildpflanzen ungleich geeigneter als züchterisch herausgeputzte Zierpflanzen. Im Übrigen müssen unsere heimischen Wildpflanzen an Attraktivität den Vergleich mit den aufgedonnerten Mannequins aus dem Gartenkatalog nicht scheuen. Haben Sie schon einmal in vollen Zügen den Duft einer Wildrose genossen, die tiefpurpurnen Blüten einer Distel oder eines anderen Charakterkopfes aus der Nähe bewundert? Waren Sie bei der fantastischen Choreografie der Blütenblätter eines sich öffnenden Gänseblümchens dabei?

25

Monotone, ausgeräumte Kulturlandschaft

Eintöniger Hausgarten

Blumiger Sommergarten

Das größte Wunder unseres Planeten ist die ungeheure Vielfalt
der Lebensformen.
Edward O. Wilson, Harvard University, Cambridge/Mass.

Das g ößte Wunde unse es Planeten ist die ungeheu e Vielfalt
de Lebensfo men.
Edwa d O. Wilson, Ha va d Unive sity, Camb idge/Mass.

Da g ö te Wunde un e e Planeten i t die ungeheu e Vielfalt
de Leben fo men.
Edwa d O. Wil on, Ha va d Unive ity, Camb idge/Ma   .

Da g ö t Wund   un   Plan t n i t di ung h u Vi lfalt
D L b n fo m n.
 dwa d O. Wil on, Ha va d Univ   ity, Camb idg /Ma   .

Verarmungsmodell nach Wilson: Der bedeutende
Ökologe Edward O. Wilson hat die Arten eines Öko-
systems mit den Buchstaben in einem Satz verglichen.
Wenn nur ein Buchstabe wegfällt, ist die Satzaussage
noch verständlich. Fallen mehrere Buchstaben weg,
ist die Aussage nicht mehr zu entschlüsseln – die Lebens-
gemeinschaft funktioniert nicht mehr.

Insekten im Garten

Wenn Kinder ein fröhliches Sommerbild malen,
kommen darauf neben Blumen immer auch Bienen,
Hummeln und bunte Schmetterlinge vor. In Wäldern
und auf Wiesen sind munter umhergaukelnde Falter
vielerorts allerdings schon eine echte Rarität. Unbarm-
herzige chemische Feldzüge gegen Forst- und Agrar-
schädlinge gefährden eben auch zahlreiche Kleintiere,
die gar nicht gemeint sind. Andererseits hat die intensive, nur auf Ertrag orientierte Landwirtschaft viele
artenreiche Lebensräume der traditionellen Kulturlandschaft zerstört. Und dennoch wundern sich viele
Menschen, warum keine Insekten mehr als Blütenbesucher in ihren Garten kommen, übersehen dabei
aber, dass auch unsere allzu ordentlichen Ziergärten
keine geeignete Lebensgrundlage für Kleintiere sind.
Im naturnahen Garten ist es dagegen selbstverständlich, dazu beizutragen, dass die heimischen Bienen,
Hummeln, Käfer und Schmetterlinge wieder mehr

attraktiven Lebensraum mit passendem Nahrungsangebot vorfinden. Der Verzicht auf giftige Spritz-
mittel gegen vermeintliche Insektenplagen ist die eine
Seite, die gezielte Ansiedlung interessanter Nahrungspflanzen im Garten die andere Möglichkeit. Alle
Gärten Mitteleuropas zusammengenommen sind
etwa dreimal so groß wie die hier insgesamt unter
Naturschutz stehenden Gebiete – folglich eine ein-
malige Chance, flächenwirksam etwas für den Arten-
und Biotopschutz zu leisten.

Fremdenfeindlichkeit im Garten?

Eine kaum enden wollende Diskussion entzündet
sich an der Frage, ob man den Blumenteil des naturnahen Gartens grundsätzlich von sogenannten Exo-
ten bereinigen und nur noch ausgewiesen einhei-
mische Arten verwenden soll – ein törichter Streit,
weil das Problem so überhaupt nicht existiert. Die
Vegetationsgeschichte Mitteleuropas lehrt, dass die

Taubenschwänzchen beim Blütenbesuch

«heimische» Flora keine konstante Größe ist, sondern im Laufe von Jahrhunderten bis Jahrtausenden durch mancherlei Einflüsse, zumal in der Kulturlandschaft, immer wieder Aufstockungen, Ergänzungen oder andere Veränderungen erfahren hat. Was müssten wir alles an attraktiven, bewährten und blühstarken Arten aufgeben, wenn im Garten ausschließlich die heimische Flora Platz haben soll: Frühlings-Krokus und Goldlack, Katzenminze und Bart-Nelke, Ringelblume und Raublatt-Aster könnte man glatt vergessen, obwohl sie dem Garten nicht nur lebhafte Farbtupfer aufsetzen, sondern auch noch für jede Menge Insekten nützlich sind. Also: Dekorative, von den gartentypischen Kleintieren begeistert angenommene Pflanzen wie Färberkamille, Indianernessel, Runzel-Rose, Schmetterlingsflieder, Silberblatt, Sonnenblume, Sonnenhut und etliche andere sind schon allein aus ökologischen Gründen mit der Idee des naturnahen, mit Wildpflanzen angereicherten Gar-

tens absolut verträglich. Schauen Sie doch einmal nach, wer sich alles an Prachtscharten, Stauden-Phlox, Mädchenauge und einfacher Stockrose tummelt. Solche Wohltaten für das eigene Auge und die zahlreich herbeieilenden Blütengäste wird kein begeisterter Naturgärtner leichtfertig vergeben. Für die farbliche oder formale Abrundung eines bunten Staudenbeetes oder anderer Gartenwinkel ist die multikulturelle Gesellschaft auch mit solchen Sommerblumen auf jeden Fall ein interessantes Thema. Es gibt jedoch Grenzen. Manche – gerade als Bienennahrung – eingeführten Arten wie die Staudenknöteriche (*Fallopia* spp.), das Drüsige Springkraut (*Impatiens glandulifera*) oder der Riesen-Bärenklau (*Heracleum mantegazzianum*) gelten als ökologisch problematisch, weil sie sich enorm invasiv verhalten und daher nicht unbedingt eine Bereicherung der Umwelt darstellen. Wir empfehlen sie daher in diesem Buch ausdrücklich nicht zur Anpflanzung im

Runzel-Rose *(Rosa rugosa)*

HILFEN FÜR DIE HELFER

eigenen Garten. Bei einigen anderen Arten, darunter Schmetterlingsstrauch *(Buddleja davidii)* oder Runzel-Rose *(Rosa rugosa)*, die von Naturschützern fallweise ebenfalls kritisch beäugt werden, drücken wir ein Auge zu, weil ihr Nutzen für die heimische Tierwelt die potenziellen Invasionsgefahren bei Weitem überwiegt. Ihrem Ausbreitungsdrang kann man durch gärtnerische Maßnahmen leicht und effektiv entgegenwirken.

Die Seele eines echten Naturfreundes wehrt sich gewöhnlich gegen jegliche Versuche, den ökonomischen Wert von Bienen, Hummeln oder anderen Blütenbesuchern zu beziffern und ihren hohen Stellenwert im Bruttosozialprodukt zu betonen. Aber: Manche Zeitgenossen verstehen bedauerlicherweise nur diese Sprache. Um es kurz zu machen: Gäbe es keine Bestäuberinsekten mehr oder keine ausreichend große Zahl mehr, lägen kurze Zeit später unwiderruflich große Teile der Landwirtschaft danieder. Erdbeeren, Himbeeren, Johannisbeeren und andere Leckereien aus dem Erwerbsobstbau wie Äpfel, Birnen oder Kirschen könnte man glatt abschreiben. Auch der Weinbau wäre bald am Ende: Die unscheinbaren, angenehm duftenden Blüten der verschiedenen Sorten der Weinrebe *(Vitis vinifera)* praktizieren zwar in bescheidenem Maße Windbestäubung, sind aber im Wesentlichen auf Bienen, Fliegen und Käfer als Pollenspediteure angewiesen. Insgesamt sind rund ein

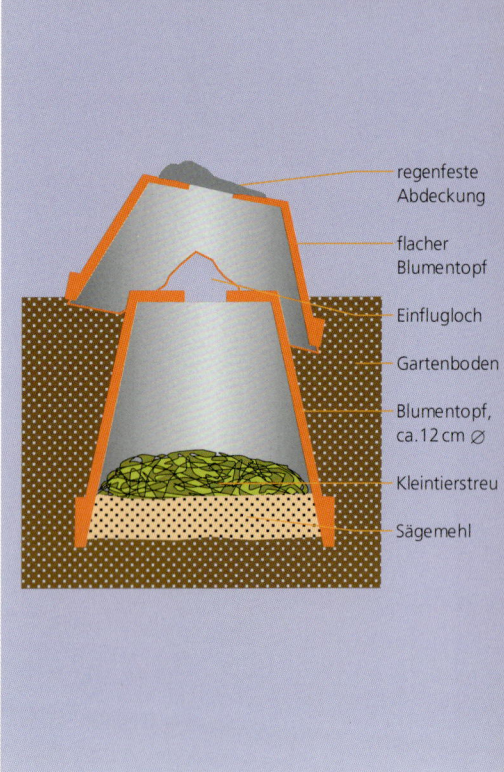

regenfeste
Abdeckung

flacher
Blumentopf

Einflugloch

Gartenboden

Blumentopf,
ca.12 cm ⌀

Kleintierstreu

Sägemehl

Erd- oder Ackerhummel beim
Blütenbesuch

Mit einfachen Hilfsmitteln lässt sich eine
Hummel-Nisthilfe herrichten.

Drittel der weltweiten Lebensmittelproduktion und etwa zwei Drittel der im globalen Maßstab wichtigsten Nahrungspflanzen direkt von tierischen Bestäubern abhängig.

Die persönliche Konsequenz kann nur sein, den vielfach verkannten und noch häufiger nicht einmal besonders geduldeten Insekten gezielte Lebenshilfen zukommen zu lassen. Natürlich kann nicht jeder seine eigenen Bienenvölker züchten, aber für die Hummeln und die anderen nicht minder wichtigen Wildbienen kann man schon mit erstaunlich wenig Aufwand Wirksames leisten.

Wie man Hummeln helfen kann

Die Nützlichkeit von Honigbienen ist in der Öffentlichkeit im Allgemeinen unumstritten: Jedermann bringt sie sofort in Zusammenhang mit der Bestäubung beispielsweise der Obstgehölze, sodass ihr spezifischer Beitrag für den Obstertrag außer Frage steht. Hummeln sieht man zwar auch als Blütengäste und Bestäuber, doch wird ihre Rolle meist stark unterschätzt. Tatsächlich sind Hummeln in der Summe als Pollenüberträger erheblich bedeutsamer als Honigbienen, weil sie in der naturnahen Kulturlandschaft quantitativ präsenter sind als diese. Durch die Intensivierung der Landwirtschaft mit Biozid-Einsätzen und weiter zunehmender Monostrukturierung der Fluren sind die Hummelbestände in den letzten Jahrzehnten stark zurückgegangen. Von den knapp über fünfzig in Mitteleuropa nachgewiesenen Arten kommt nicht einmal mehr die Hälfte häufig oder zumindest regelmäßig vor. Für den aktiven Naturschutz stellen auch die Hummeln daher ein besonderes Aufgabenfeld dar.

Hummeln sind neben der Honigbiene und den Wespen die einzige Wildbienenverwandtschaft, die einen

Insektenhotel mit reichem Nistplatzangebot

echten, wenn auch nur etwa ein Jahr lang bestehenden Sozialverband begründen. Dazu suchen die überwinterten Königinnen im Frühjahr nach einem geeigneten Niststandort. Die Wahl fällt meist auf Mauselöcher, aber auch auf oberirdische Hohlräume wie Baumlöcher, Lückensysteme in Steinhaufen oder Vertiefungen unter locker gelagertem Moos, Laub und Gras. Viele der heimischen Arten wählen sowohl unter- als auch oberirdische Nistmöglichkeiten. Die Tatsache, dass sie gerne geeignete künstliche Nisthilfen annehmen, kann man für gezielten Artenschutz nutzen. Der Fachhandel bietet besondere Hummel-Nistkästen an. Wirksam sind aber auch einfache Ersatzlösungen:

Einen Blumentopf von mindestens 12 cm Durchmesser vergräbt man an einer geschützten Stelle im Garten so tief, dass seine Unterseite den Boden gerade um Fingerbreite überragt (vgl. Abb. S. 30).

Das Abzugloch muss mindestens 1,5 cm Durchmesser aufweisen. Ist es kleiner, weitet man es mit einer Rundfeile oder einer Fräse entsprechend auf. Durch das Loch füllt man zunächst eine Lage Sägespäne und dann bis etwa zur Hälfte Kleinstreu ein. Auch eine Mischung aus trockenem Moos, zerkleinerten Grashalmen oder den Bauresten eines Mäusenestes ist geeignet. Über den eingegrabenen Blumentopf stülpt man einen zweiten, an dessen Seite man mit einer Kneifzange einen größeren Eingangsbereich gebrochen hat. Diese Öffnung richtet man zur wetterabgewandten Seite aus. Das Abzugsloch dieses Topfes verstopft man oder legt einfach einen größeren, flachen Stein auf (Abb. S. 30).

Diese Hummel-Nisthilfe bringt man am besten im zeitigen Frühjahr (Anfang März) aus. Geeignet sind alle Stellen im Garten, die nicht ständig betreten oder bearbeitet werden, also etwa die Rückseiten

Ein artenreicher Garten kommt vielen Insekten zugute.

von Gebüschen oder sonstige, etwas entlegenere Ecken. Während der gesamten Vegetationsperiode dürfen diese Blumentöpfe natürlich nicht aufgedeckt werden. Erst im späteren Herbst kann man nachschauen, ob das Wohnungsangebot auch tatsächlich angenommen wurde.

Ein Viersterne-Wildbienenhotel

Eine wunderbare weitere, äußerst wirksame und unbedingt empfehlenswerte Lebenshilfe im Garten sind die sogenannten Insektenhotels bzw. -quartiere. Darunter versteht man Unterschlupf- und Nisthilfen und somit vor allem Brutmöglichkeiten für Wildbienen, die es im Sommer in die Gärten mit ihrem meist reichen Nektar- und Pollenangebot lockt. Geeignetes Material für Wildbienen-Nisthilfen sind

– dickere Grashalme,
– Strohhalme (keine Plastik-Trinkhalme!),
– Bambusröhrchen,
– Schilfstängel bzw. Abschnitte einer Reetmatte,
– Zweigstückchen von Brombeere, Holunder, Sommerflieder, Forsythie, Schneebeere, Pfeifenstrauch und anderen.

Diese in fast jedem Garten verfügbaren oder leicht zu beschaffenden Materialien schneidet man mit einer scharfen Gartenschere in etwa 10 cm lange Stücke. Die markhaltigen Zweigstücke stochert man mit einem Drahtstück oder einer Stricknadel ein wenig frei – den Rest der Aushöhlung besorgen die Wildbienen gewöhnlich selbst.

Die so vorbereiteten Röhrchen kann man nun

– mit Schnur oder Blumendraht bündeln,
– in eine leere Konservendose packen,
– in einen Holzbehälter mit Rückwand stecken, der in etwa Abmessung und Form eines Vogelnistkastens aufweist.

Die offene Seite der Pflanzenröhrchen sollte man mit Kaninchendraht sichern, damit Vögel keine Gelegenheit haben, einzelne Stängel herauszuziehen, aufzuhacken und die Brut zu verspeisen. Generell sollte ein solches Wildbienen-Brutquartier nach Südosten orientiert an einer vor Regen geschützten, sonnigen Stelle aufgehängt werden. Es darf nicht im Wind schaukeln, und die Bienen müssen zum Anfliegen freien Zugang haben – ohne irgendeine Behinderung durch Blätter oder Zweige.

Außer den Mini-Hotels, die eventuell nur die Größe eines Vogelnistkastens aufweisen, kann man auch größere, komplexere und eventuell dekorativ gestaltete Nistangebote mit Wohnungsangeboten in verschiedenen Fachfüllungen bauen (vgl. Abb. S. 31). Solche Anlagen finden sich oft als Demonstrationseinrichtungen im Freigelände von Bio-Stationen, Naturschutzzentren und anderen Anlaufstellen, die sich um aktiven Artenschutz bemühen. Die einzelnen Gefache oder Etagen kann man bestücken mit

– Bündeln aus dickeren, hohlen Halmen,
– magerem Lehm (mit Nägeln von 3–10 mm Durchmesser einige Löcher eindrücken),
– rissigen, gestapelten Holzscheiten, die Spaltenverstecke anbieten,
– angebohrten Ast- oder Stammscheiben (Lochdurchmesser 3–10 mm),
– angebohrten Holzstücken,
– mit Lehm verschmierten oder mit markhaltigen Stängelstücken befüllten Gitterziegeln,
– aufgerollten Schilf- bzw. Reetmatten.

Gut zu wissen: Die in einem Insektenhotel angebotenen Quartiere braucht man am Ende der Vegetationsperiode nicht zu ersetzen oder gar zu reinigen – das besorgen die Wildbienen im Allgemeinen in der kommenden Saison selbst. Außerdem könnten im Herbst Überwinterungsgäste eingezogen sein, die natürlich ihre Ruhe haben sollen.

Im Vergleich zum Mittelmeergebiet ist Mitteleuropa nördlich der Alpen bis zu den Meeresküsten von Natur aus nicht unbedingt ein überbordendes Artenparadies. Aber immerhin kommen hier von Natur aus mehr verschiedene Arten vor, als die weitaus meisten Naturbegeisterten aufzählen können. In den verschiedenen Lebensräumen zwischen Hochgebirge und Strandgestaden kann man theoretisch knapp 3500 Arten höherer Pflanzen live erleben. Einige davon sind Farnpflanzen, ein gewisser Anteil sind Windbestäubte, aber das Gros sind blumig blühende Arten, die für ihre Reproduktion auf die Mithilfe von Tieren angewiesen sind. Sie setzen sich zusammen aus Arten,

– die ohne jedes Mit- oder Zutun des Menschen im benannten Gebiet vorkommen (= Indigene),
– die nach der Etablierung flächiger Landwirtschaftssysteme seit der Jungsteinzeit aus anderen Verbreitungsräumen zugewandert sind (= Archäophyten wie Kamille, Klatsch-Mohn und Kornblume),
– die nach der Entdeckung Amerikas (1492) aus entfernten anderen Regionen oder sogar Kontinenten eingeführt oder eingeschleppt wurden (= Neophyten) wie Schmetterlingsflieder u. a.
– die nur gelegentlich aus Gärten verwildern, sich aber in der Wildflora nicht dauerhaft durchsetzen.

Die Flora (nicht nur) Mitteleuropas erweist sich bei näherer Inspektion als ziemlich bunter Mix aus allen möglichen biogeografischen Herkünften.

Von den vielen, für Blüten besuchende Insekten relevanten Arten berücksichtigt dieses Buch nur eine gewisse Auswahl wichtiger Beispiele:

– bemerkenswerte, blühintensive Wildkrautarten von hohem Stellenwert für bestäubende Insekten, die sich zudem für den eigenen Wildpflanzengarten empfehlen

- typische, sonst im Freiland nicht vorkommende Gartenpflanzen fremdländischer Herkunft, aber von erkennbar großem Nutzen für Blütenbesucher (beispielsweise *Phlox* spp.)
- verschiedene Gehölze, die man unter anderem in Feld und Flur sieht, aber oft auch nur in großen Parkanlagen antrifft
- einige wenige Kulturpflanzen von erwiesenermaßen besonders nachhaltiger Bedeutung für Bienen wie beispielsweise Raps

Im nachfolgenden Artenteil werden die besprochenen Einzelarten familienweise und in systematischer Reihenfolge nach den jüngsten Erkenntnissen der Angiosperm Phylogeny Group (APG III, 2009) vorgestellt. Die wissenschaftliche Benennung der einzelnen Arten richtet sich nach Rothmaler Exkursionsflora (Heidelberg 2008 bzw. 2012).

Ziemlich nützlich, aber bei Naturschützern unbeliebt: Blütenstand des Schmetterlingsflieders *(Buddleja davidii)*

Die eingebürgerten Staudenknöteriche gelten
als ökologische Problempflanzen.

Die Pflanzenporträts

BÄRLAUCH

ALLIUM URSINUM
Amaryllisgewächse Amaryllidaceae

Blütezeit	April–Juni
Tracht	Frühjahrstracht
Nektarwert	gut
Pollenwert	mittel

STECKBRIEF

Mehrjährige Zwiebelpflanze, 20–40 cm hoch. Nur 2 grundständige Blätter, diese elliptisch-lanzettlich, glattrandig, dunkelgrün. Alle Teile duften nach Knoblauch.

BLÜTEN

Blüten 1–2 cm breit, weiß, zahlreich in endständiger Scheindolde. Die Pollenfreisetzung erfolgt vor allem um die Mittagszeit. Bei ausbleibender Fremdbestäubung biegt sich die Narbe zu den Antheren, wobei Selbstbestäubung erfolgt.

INSEKTENBONUS

Wie alle großblumigen Lauch-Arten eine bemerkenswert ergiebige Trachtpflanze für Bienen, Hummeln und Schwebfliegen.

VORKOMMEN

Lichte Laubwälder, Gebüsche, Auen, Bachufer, gerne auf tiefgründigen Kalkböden. Fast überall in Europa verbreitet.

TIPP FÜR DEN GARTEN

Im Garten unter Gebüschen sehr einfach zu kultivieren. Vermehrt sich problemlos und effizient durch Ameisenverbreitung. Als Tracht empfehlenswert sind auch Schnittlauch (*Allium schoenoprasum*) und Küchen-Zwiebel (*A. cepa*) sowie verschiedene vom Gartenfachhandel angebotene Zierlauch-Arten.

Kleines Schneeglöckchen

Galanthus nivalis
Amaryllisgewächse Amaryllidaceae

Blütezeit	gelegentlich schon im Januar, meist Februar–März
Tracht	Frühlings(erst)tracht
Nektarwert	mittel
Pollenwert	mittel

Steckbrief

Mehrjährige Zwiebelpflanze, 5–20 cm hoch. Blätter nur zu zweit, um 4 mm breit und bis 10 cm lang, schmal, bläulich bereift. Ziehen bereits im Spätfrühjahr wieder ein.

Blüten

Blüte einzeln, hängend, die 3 äußeren Blütenblätter um 1,5 cm lang, die 3 inneren um 1 cm, mit grünem Farbmal.

Insektenbonus

Besucher sind vor allem Honigbienen, die das Nektarangebt ausbeuten, daneben auch wenige Schmetterlingsarten. Die Samen tragen ein nahrhaftes Anhängsel und werden von Ameisen verbreitet.

Vorkommen

Laubmischwälder, Auengebüsche. Mitteleuropa (hier nur noch wenige natürliche Vorkommen) und Südeuropa. Aus Gartenkultur verwildern gelegentlich weitere, im Aussehen sehr ähnliche Arten. Als Wildpflanze in Deutschland geschützt.

Tipp für den Garten

Unter Gebüschen und an anderen weniger stark bearbeiteten Stellen sehr vermehrungs- und ausbreitungsfreudig. Ähnlich zu bewerten sind Kaukasus-Schneeglöckchen *(Galanthus elwesii)* und Märzenbecher *(Leucojum vernum)*.

Frühlings-Krokus

Crocus vernus
Schwertliliengewächse Iridaceae

Blütezeit	Februar–März
Tracht	Frühjahrstracht
Nektarwert	hoch
Pollenwert	mittel

Steckbrief

Mehrjähriger Knollen-Geophyt, 7–12 cm hoch. Schmale, oft weißstreifige, etwas steife und lanzettliche Blätter, die bereits zum Sommerbeginn wieder einziehen.

Blüten

Einzeln, trichterförmig. Blütenröhre um 4 cm lang, Zipfel etwa 3 cm lang, weiß bis dunkelviolett, mitunter auch dunkler gestreift.

Insektenbonus

Der Nektar wird an der Basis der schlanken Röhre abgesondert, steigt kapillar ein wenig hoch und ist dann außer Bienen oder Hummeln auch Schmetterlingen zugänglich.

Vorkommen

Heimat in Südeuropa, in Mitteleuropa wohl nur aus Gartenkultur verwildert.

Tipp für den Garten

Während sich der im Bergland heimische Weiße Krokus *(Crocus albiflorus)* in Gärten nur schwer kultivieren lässt, sind die häufig verwendeten sowie nicht selten verwildernden Arten Elfen-Krokus *(C. tommasinianus)*, Kleiner Krokus *(C. chrysanthus)* oder Gold-Krokus *(C. flavus)* meist unproblematisch und als frühe Hautflüglertracht unbedingt empfehlenswert.

40

Gewöhnlicher Spargel

ASPARAGUS OFFICINALIS
Spargelgewächse Asparagaceae

Blütezeit	Juni–September
Tracht	(Spät)Sommertracht
Nektarwert	hoch
Pollenwert	hoch

Steckbrief

Mehrjähriger Rhizom-Geophyt, 50–150 cm hoch. Das Ende des Erdsprosses wächst zum Luftspross heran, der sich stark verzweigt und in der Achsel von Schuppenblättern Büschel von kurzen Flachsprossen (Scheinblätter) bildet. Eigentliche Blätter fehlen.

Blüten

Einzeln in der Achsel der Scheinblätter, weiß, erinnern an kleine Maiglöckchen. Pflanzen entweder zweihäusig oder dreihäusig mit weiblichen und zwittrigen Blüten.

Insektenbonus

Vor allem für Bienen eine besonders wertvolle und noch wenig geschätzte Trachtpflanze. Die Beerenfrüchte sind als Wintersteher eine interessante Kleinvogelnahrung.

Vorkommen

Beheimatet in Südwestasien. Nicht selten an Wegrändern und in Sandmagerrasen verwildert.

Tipp für den Garten

Als Zierpflanze besonders für nährstoffreiche, lehmige Sandböden geeignet. Die Pflanze blüht und fruchtet erst im dritten Jahr.

Maiglöckchen

CONVALLARIA MAJALIS
Spargelgewächse Asparagaceae

Blütezeit	Mai–Juni
Tracht	Frühsommertracht
Nektarwert	mittel
Pollenwert	gut

Steckbrief

Mehrjährige Rhizompflanze, 5–20 cm hoch, meist nur mit 2 aufrechten, breit lanzettlichen, glattrandigen, beidseitig dunkelgrünen Blättern. Alle Teile durch herzwirksame Glykoside sowie durch Saponine stark giftig. Als Wildpflanze in Deutschland geschützt.

Blüten

Blüten glockig, um 5 mm breit, weiß, zu 3–9 in lockerer, einseitswendiger Traube, stark duftend. Die Blütenbesucher halten sich an den zurückgekrümmten Zipfeln der Blütenkrone fest. Die Blüten sind verschiedengriffelig (heterostyl), was die Fremdbestäubung fördert.

Insektenbonus

Insbesondere für Bienen eine ergiebige Trachtpflanze. Die reifen Beeren sind als Wintersteher für verschiedene Kleintiere von Bedeutung.

Vorkommen

Lichte Laubwälder, Gebüsche. In Europa weit verbreitet, im Gebirge (auf alpinen Matten) bis in etwa 1800 m Höhe. Gelegentlich aus Gartenkultur verwildert und eingebürgert.

Tipp für den Garten

Im Garten vermehren sich Maiglöckchen vor allem vegetativ durch die sich verzweigenden Rhizome und bilden daher rasch größere Gruppen.

42

Schöllkraut

CHELIDONIUM MAJUS
Mohngewächse Papaveraceae

Blütezeit	Mai–September
Tracht	Sommertracht
Nektarwert	kein
Pollenwert	mittel

Steckbrief

Mehrjährig, 30–70 cm hoch, wintergrün, mit behaarten, verzweigten Stängeln. Blätter wechselständig, ungleich gelappt bis gefiedert, hellgrün, unterseits bläulich. Klettert mit den nach unten gerichteten Blattstielen. Alle Teile mit orangegelbem Milchsaft. Leicht giftig.

Blüten

Blüten bis 2 cm breit, 4-zählig, zu 2–6 in lockeren Dolden. Kelchblätter behaart, Narbe 2-lappig. Kapsel schmal, bis 5 cm lang. Samen glänzend schwarz mit weißem Anhängsel (Ameisenverbreitung!).

Insektenbonus

Wie die meisten Vertreter dieser Familie ohne Nektar, liefert jedoch eine recht ergiebige Pollentracht, vor allem aufgrund der relativ langen Blütezeit. Wird auch von Fliegen besucht. Samenanhängsel ist wertvolle Ameisennahrung.

Vorkommen

Wärme liebend. Nährstoffreiche Böden, Gebüsche, Hecken, Wegränder, Gärten, Mauerfugen. Fast überall in Europa häufig.

Tipp für den Garten

Dekorative Art für den Wildblumengarten, benötigt eine gewisse Kontrolle, da sie sonst leicht überhandnimmt. Für sonnige Stellen bestens geeignet. Versamt sich leicht.

KLATSCH-MOHN

PAPAVER RHOEAS
Mohngewächse Papaveraceae

Blütezeit	Juli–August
Tracht	Sommertracht
Nektarwert	kein
Pollenwert	hoch

STECKBRIEF

Einjährig, 30–80 cm hoch, mit aufrechtem, ästigem, abstehend borstig behaartem Stängel. Blätter wechselständig, fiederteilig bis gefiedert. Überwintert mitunter als Blattrosette.

BLÜTEN

Blüten bis 8 cm breit, 4-zählig, einzeln endständig, hochrot, am Grund oft mit dunklen Flecken. Kronblätter in der Knospe stark zusammengeknautscht. Kelchblätter fallen frühzeitig ab. Zahlreiche (bis >150) Staubblätter mit zusammen rund 2,5 Mio. Pollenkörnern.

VORKOMMEN

Wegränder, Gärten, Ackerland, Schuttstellen. Liebt sommerwarme, nährstoffreiche Böden. Kulturbegleiter seit der Steinzeit. Heute weltweit verschleppt.

INSEKTENBONUS

Liefert reiche Pollentracht. Fingernagelgroße Kronblattteile verwendet die solitär lebende Mohn-Mauerbiene tapetenartig in ihren Nestbauten.

TIPP FÜR DEN GARTEN

Empfehlenswerte, sehr dekorative Art. Benötigt offene, sonnige Stellen. Versamt sich leicht (je Kapsel etwa 2000 Samen).

44

Orientalischer Mohn, Türken-Mohn

Papaver orientale
Mohngewächse Papaveraceae

Blütezeit	Mai–Juni	45
Tracht	Frühsommertracht	
Nektarwert	kein	
Pollenwert	hoch	

Steckbrief
Mehrjährig, 40–90 cm hoch, mit kräftigem, aufrechtem, meist unverzweigtem Stängel, im oberen Drittel nicht beblättert. Blätter hellgrün, schmal, gefiedert oder fiederteilig, stark borstig behaart.

Blüten
Auffallend groß, bis über 10 cm breit, meist hell orangerot. Kronblätter an der Basis ohne schwarze Flecken, im Unterschied zur häufigen und sehr ähnlichen Verwechslungsart Falscher Orient-Mohn (*Papaver pseudo-orientale*), bei der alle Kronblätter einen schwarzen Fleck tragen.

Insektenbonus
Pollen liefernde, wertvolle Trachtpflanze für Bienen und Hummeln.

Vorkommen
Ursprünglich in den Gebirgen in Transkaukasien, der Nordosttürkei und dem nordwestlichen Iran, seit dem 18. Jahrhundert als Zierpflanzen in Gärten und in vielen Sorten angepflanzt.

Tipp für den Garten
Eignet sich besonders für Staudenrabatten und als Hintergrundpflanzung an sonnigen Stellen. Vermehrung vor allem durch Teilung.

GEFINGERTER LERCHENSPORN

CORYDALIS SOLIDA
Mohngewächse Papaveraceae

Blütezeit	März–Mai
Tracht	Frühjahrstracht
Nektarwert	mittel
Pollenwert	mittel

STECKBRIEF

Mehrjährig, 15–30 cm hoch, Blätter doppelt 3-zählig, kahl, bläulich grün. Typischer Frühjahrs-Geophyt: Oberirdische Teile verwelken sehr rasch und sind im Sommer nicht mehr zu sehen.

BLÜTEN

Blüten in aufrechter Traube. Krone kräftig purpurn, selten hellrot oder weiß, mit geradem Sporn. Hochblätter zwischen den Blüten fingerförmig geteilt. Sehr ähnlich: Hohler Lerchensporn *(Corydalis cava)*: Blüten zu 10–20 in aufrechter Traube. Kronen purpurn, häufig auch weiß, seltener gelblich. Hochblätter zwischen den Blüten ungeteilt.

INSEKTENBONUS

Nektarangebot im langen Blütensporn, der von kurzrüssligen Hummel-Arten gelegentlich angebissen wird. Bienen können den Nektar auch auf regulärem Weg ausbeuten.

VORKOMMEN

Humusreiche Laubwälder, Weinberge, Auen mit tiefgründigen Böden. In Mittel- und Südeuropa weit verbreitet, im Nordwesten eher selten.

TIPP FÜR DEN GARTEN

Für Wildpflanzengärten nachdrücklich zu empfehlen, besonders für den Rand von Gehölzgruppen.

Gewöhnliche Berberitze, Sauerdorn

Berberis vulgaris
Berberitzengewächse Berberidaceae

Blütezeit	April–Juni
Tracht	Frühsommertracht
Nektarwert	gut
Pollenwert	gering

Steckbrief

Sommergrüner bedornter Strauch mit bogig überhängenden Ästen, 1–3 m hoch. Blätter gestielt,
büschelig, länglich elliptisch, am Grund lang keilförmig, vorne gerundet oder zugespitzt, scharf dornig
gezähnt, oberseits dunkelgrün, kahl, bis 4 cm lang.
Beerenfrucht länglich, bis 1 cm groß, leuchtend rot,
schmeckt sehr sauer.

Blüten

Blüten mit hellgelben Kelch- und Kronblättern,
halbkugelig gewölbt, in hängenden Trauben. Die
6 gelben Staubblätter krümmen sich nach Berührung ihrer Basis (spitzer Halm!) schlagartig zur Blü-
tenmitte.

Insektenbonus

Bietet im Frühjahr eine ergiebige Nektartracht, wird
auch von Hummeln und Schwebfliegen besucht.

Vorkommen

Gebüsche, Flurhecken, Waldsäume, Lichtungen und
Trockenhänge, gerne auf kalkhaltigen, sonnigen
Magerböden. Fehlt in Nordwesten, im übrigen
Europa weit verbreitet, vom Tiefland bis etwa
2000 m. Als Zwischenwirt des Getreideschwarzros-
tes hat man die Art in vielen Gegenden ausgerottet.

Tipp für den Garten

Empfehlenswertes Gartengehölz, da für viele Kleintiere wertvoll. Ähnlich sind auch Thunbergs Berbe-
ritze *(B. thunbergii)* und andere Zierarten der Gattung zu bewerten.

Mahonie

MAHONIA AQUIFOLIUM
Berberitzengewächse Berberidaceae

Blütezeit	April–Mai
Tracht	Frühjahrstracht
Nektarwert	mittel
Pollenwert	hoch

STECKBRIEF

Immergrüner, unbedornter, mäßig verzweigter Zierstrauch, 0,5–1,5 m hoch. Blätter lang gestielt,
unpaarig gefiedert, mit 5–9 elliptischen Fiedern,
4–8 cm lang, ledrig derb, oberseits glänzend dunkelgrün, unterseits matt hellgrün. Beerenfrüchte reif
blauschwarz.

BLÜTEN

Blüten bis 1 cm breit, 6-zählig, leuchtend goldgelb,
zahlreich in hängenden Trauben. Die Staubblätter
sind an der Basis berührungsempfindlich und krümmen sich schlagartig nach innen zum Blütenbesucher.

VORKOMMEN

Bewohnt schattige, luftfeuchte Gebüsche und Berg-
wälder im nordwestlichen Nordamerika. Häufig als
Ziergehölz verwendet, zunehmend in Gebüschen
verwildert und eingebürgert.

INSEKTENBONUS

Für Hautflügler und Schwebfliegen wertvolle Pollen-
und Nektartracht.

TIPP FÜR DEN GARTEN

Für Gehölz-Mischpflanzungen, Kultur unproblematisch. Außer für Insekten auch für Singvögel eine
wertvolle Nahrungsquelle.

48

Gewöhnliche Akelei

AQUILEGIA VULGARIS
Hahnenfußgewächse Ranunculaceae

Blütezeit	Mai–Juli
Tracht	Sommertracht
Nektarwert	hoch
Pollenwert	mittel

Steckbrief

Mehrjährig, bis 80 cm hoch, Stängel verzweigt. Blätter doppelt 3-teilig mit rundlichen Abschnitten, leicht bläulich grün. Alle Teile kahl. In Österreich, der Schweiz und Deutschland geschützt.

Blüten

Blüten blauviolett, hängend, bis 5 cm lang. Kelchblätter 5, kronblattartig, nach rückwärts in gekrümmte Sporne verlängert, in deren Spitze sich die Nektardrüse befindet. Staubblätter hellgelb.

Insektenbonus

Wegen der langen und oft auch gekrümmten Sporne eine typische Hummelblume. Wildbienen beißen die Sporne nicht selten seitlich auf.

Vorkommen

Bergwiesen, Gebüsche, lichte Wälder, trockene Hänge. Auch in vielen Sorten mit abweichender Blütenfärbung in Gärten. Weit verbreitet, in Großbritannien und Skandinavien eingebürgert. Gelegentlich aus Gartenkultur verwildert.

Tipp für den Garten

Akeleien sind ein besondere Zierde des Gartens und aus Samen sehr leicht zu ziehen. Der ökologisch ähnlich zu bewertende Eisenhut *(Aconitum napellus)* aus der gleichen Familie ist wegen seiner enormen Giftigkeit für Hausgärten in der Nähe von Kindern nicht ratsam.

BUSCH-WINDRÖSCHEN

ANEMONE NEMOROSA
Hahnenfußgewächse Ranunculaceae

Blütezeit	Februar–April
Tracht	Frühjahrs(erst)tracht
Nektarwert	kein
Pollenwert	mittel

STECKBRIEF
Mehrjährig, 5–20 cm hoch. Grundständige Blätter gestielt, handförmig geteilt, Stängel mit 3-zähligem Hochblattquirl, der anfangs als Blütenschutz dient. Frucht mit kurzem, nahrhaftem Anhängsel, das der Ameisenverbreitung dient.

BLÜTEN
Blüten einzeln, endständig, 2–4 cm breit, reinweiß oder hellrosa, mit 6(–8) Blütenblättern. Das Blütenzentrum absorbiert UV-Licht und erscheint den Blütenbesuchern daher kontrastreich abgesetzt.

INSEKTENBONUS
Wegen des recht frühen Blühtermins für viele blütenabhängige Insektengruppen von Bedeutung.

VORKOMMEN
Humusreiche Laubwälder mit tiefgründigen Böden, Gebüsche, Auen, Bergwiesen. Weit verbreitet. In Mitteleuropa häufig und stellenweise massenhaft, in Südeuropa nur im Gebirge.

TIPP FÜR DEN GARTEN
Für Wildpflanzengärten zu empfehlen, ebenso das Balkan-Windröschen *(Anemone blanda)* und das sehr ähnliche Apenninen-Windröschen *(A. apennina)*.

Sumpf-Dotterblume

CALTHA PALUSTRIS
Hahnenfußgewächse Ranunculaceae

Blütezeit	April–Mai
Tracht	Frühjahrstracht
Nektarwert	mittel
Pollenwert	gut

Steckbrief

Formenreiche, mehrjährige, krautige Pflanze, bis 40 cm hoch. Stängel verzweigt und dicht beblättert, hohl, kahl. Blätter herz- bis nierenförmig, glänzend dunkelgrün. Schwach giftig.

Blüten

Blüten 2–3 cm breit, mit 5 dottergelben, außen eher grünlichen Kronblättern und zahlreichen Staubblättern. Die einheitlich gelb erscheinende Blüte besitzt im UV-Bereich ein stark absorbierendes und daher dunkles Zentrum, das Bestäuber anlockt.

Insektenbonus

Oft finden sich auf den großen Scheibenblüten Vertreter der Urmotten (Gattung *Micropteryx*) ein und fressen hier – als Ausnahme unter den heimischen Schmetterlingen – die Pollenvorräte auf.

Vorkommen

Sumpfwiesen, Quellfluren, Bachauen, Auenwälder, im Gebirge bis etwa 2400 m. Außer dem Süden fast überall in Europa verbreitet, aber regional infolge Lebensraumzerstörung zerstreut.

Tipp für den Garten

Dekorative Art, für Sumpfbeete an Gartenteichen sehr zu empfehlen. Die Kultur ist unproblematisch.

GEWÖHNLICHE WALDREBE

CLEMATIS VITALBA
Hahnenfußgewächse Ranunculaceae

Blütezeit	Juli–September
Tracht	Spätsommer-/Frühherbsttracht
Nektarwert	mittel
Pollenwert	mittel

STECKBRIEF

Sommergrüner, dicht verzweigter Kletterstrauch (Liane) mit langen, biegsamen, links windenden Ästen. Klettert bis über 10 m hoch und bildet dichte, lang herabhängende Schleier. Junge Zweige regelmäßig sechskantig und längsstreifig. Blätter bis 25 cm lang, gegenständig, lang gestielt, unpaarig gefiedert; Fiederblättchen 5–7, glattrandig oder gesägt, kahl.

BLÜTEN

In lockeren Rispen, lang gestielt, mit 4 schmalen, cremeweißen, kronblattartigen Hüllblättern. Bei der Reife entwickelt sich der Griffel zu einem silbrigen, federig behaarten Flugorgan zur Windverbreitung. Die Haare verankern die Frucht nach der Landung am Boden und erleichtern damit deren Keimung.

INSEKTENBONUS

Wegen des relativ späten Blühtermins wichtige Trachtpflanze für Hautflügler.

VORKOMMEN

Häufig in Schleiergesellschaften an Bach- und Flussufern, Waldsäumen, Feldgebüschen und Bahndämmen. In West- und Mitteleuropa weit verbreitet, von der Ebene bis über 1500 m.

TIPP FÜR DEN GARTEN

Nur für große Gärten empfehlenswert. Eine der wenigen heimischen Lianen und innerhalb der Hahnenfußgewächse eine der wenigen Holzpflanzen. Eher untypisch für diese Familie trägt sie gegenständige Fiederblätter. Dichte Waldreben-Gebüsche bieten Kleinvögeln ausgezeichnete Nist- und Versteckmöglichkeiten.

WINTERLING

ERANTHIS HYEMALIS
Hahnenfußgewächse Ranunculaceae

Blütezeit	Februar–März
Tracht	Vorfrühlingstracht
Nektarwert	mittel
Pollenwert	gut

STECKBRIEF

Mehrjähriger Knollen-Geophyt, 5–15 cm hoch. Grundständige Blätter rundlich, 5- bis 7-teilig, erscheinen erst nach der Blüte. Stängelblätter zu 3 im Quirl, handförmig geteilt, dicht unter der Blüte.

BLÜTEN

Blüten 2–4 cm breit, zwischen den kräftig gelben Perigonblättern und den zahlreichen Staubblättern mit gestielten röhrigen Honigblättern.

INSEKTENBONUS

Früher Blühtermin, fallweise sogar noch bei lückiger Schneebedeckung! Blütengäste sind neben Fliegen vor allem Bienen und Hummeln.

VORKOMMEN

Gebüsche, Wälder, Obstwiesen, Weingärten, Gärten, Friedhöfe. Stammt aus Süd- und Südosteuropa, in Mitteleuropa meist nur in Parks und Gärten oder selten verwildert.

TIPP FÜR DEN GARTEN

Als einer der ersten Frühblüher für Gebüschsäume und Rasenecken sehr zu empfehlen. Pflanzgut bieten fast alle größeren Gartencenter an.

STINKENDE NIESWURZ

HELLEBORUS FOETIDUS
Hahnenfußgewächse Ranunculaceae

Blütezeit	Februar–März
Tracht	Vorfrühlingstracht
Nektarwert	gut
Pollenwert	gut

STECKBRIEF

Immergrüner Halbstrauch, 25–60 cm hoch. Blätter gestielt, handförmig geteilt, derb, lederig, leicht gezähnt, in fließenden Übergängen vom normalen Laubblatt über Hochblätter bis zu den Blütenhüllblättern entwickelt.

BLÜTEN

Grünlich bis hellgelb, hängend, glockenblumenartig, 5-zählig, bis etwa 4 cm breit, zahlreich in endständigen Rispen; Blütenblätter an den Rändern purpurn gesäumt. Zwischen den Hüllblättern und den Staubblättern befindet sich ein Kranz hellgrüner, tütenförmiger Nektarblätter.

INSEKTENBONUS

Im reichlich dargebotenen Nektar kommen nicht selten Hefepilze vor, die durch ihre Stoffwechseltätigkeit die Nektarblätter bis auf >5 °C aufheizen und somit für früh aktive Hummeln oder Bienen eine wirksame Aufwärmstation bieten.

VORKOMMEN

Vor allem im westlichen Europa (subatlantisch) verbreitete Wald- und Waldrandpflanze, im Rheintal und dessen großen Nebentälern nicht selten auch an den Rändern der Weinberge.

TIPP FÜR DEN GARTEN

Zu allen Jahreszeiten ausgesprochen dekorative Art. Für sonnige Säume sehr gut geeignet und in der Kultur anspruchslos. Versamt sich leicht.

SCHARBOCKSKRAUT

RANUNCULUS FICARIA
Hahnenfußgewächse Ranunculaceae

Blütezeit	März–Mai
Tracht	Frühjahrstracht
Nektarwert	mittel
Pollenwert	mittel

STECKBRIEF

Mehrjähriger Rhizom-Geophyt, 5–15 cm hoch, mit liegendem Stängel und länglichen, weißen Wurzelknöllchen. Blätter grundständig, gestielt, herzförmig, gekerbt, etwa fingernagelgroß, oberseits glänzend dunkelgrün, unterseits matt. Die Vegetationsorgane ziehen bereits Ende Mai wieder vollständig ein.

BLÜTEN

Blüten 3–5 cm breit, mit 3 kelchartigen Hüllblättern und 8–12 kronblattartigen Honigblättern. Oft steril, vermehrt sich durch weißliche Brutknospen in den Blattachseln. An den Honigblättern (Blütenblättern) ist ein stark UV-reflektierender, glänzend hellgelber und ein eher trübgelber, UV-absorbierender Bereich zu unterscheiden.

INSEKTENBONUS

Wegen des frühen Blühtermins vor allem für Hautflügler eine wichtige Trachtpflanze.

VORKOMMEN

Auenwälder, Feuchtwiesen, Bachufer, Gräben, Obstgärten und Hecken, meist in größeren Beständen. Überall in Europa häufig, in Mitteleuropa von der Ebene bis ins Gebirge (in den Alpen bis auf 1400 m Höhe).

TIPP FÜR DEN GARTEN

Für wildpflanzenbetonte Gärten an wenig bearbeiteten Stellen sehr empfehlenswert. Sehr ausbreitungsfreudig. Vermehrt sich in Mitteleuropa überwiegend vegetativ durch Brut- sowie durch Wurzelknöllchen.

KRIECHENDER HAHNENFUSS

RANUNCULUS REPENS
Hahnenfußgewächse Ranunculaceae

Blütezeit	Mai–August
Tracht	Sommertracht
Nektarwert	mittel
Pollenwert	mittel

STECKBRIEF
Mehrjährig, 15–40 cm hoch, mit langen, oberseits rinnigen, an den Knoten wurzelnden Ausläufern. Grundblätter 3-zählig mit lang gestieltem Endabschnitt. Meist unbehaart.

BLÜTEN
Blüten goldgelb, 1–3 cm breit, fettig glänzend («Butterblume»!), einzeln auf langen, gefurchten Stielen.

INSEKTENBONUS
Wegen der relativ langen Blütezeit und des überaus häufigen Vorkommens für alle blütenbesuchenden Insekten eine wichtige Proviantstation.

VORKOMMEN
Äcker, Brachen, Gartenland, Wegränder. Zuverlässiger Lehm- und Bodenverdichtungszeiger. In den gemäßigten Breiten durch Verschleppung heute weltweit häufig.

TIPP FÜR DEN GARTEN
Die fettglänzend goldgelben Blüten vieler Hahnenfuß-Arten sehen zugegebenermaßen durchaus attraktiv aus. Sie im Garten zu dulden, kostet etwas Überwindung, denn besonders die hier besprochene Art verhält sich recht durchsetzungsfähig. Weniger invasiv zeigt sich der nahe verwandte Gold-Hahnenfuß *(Ranunculus auricomus)*. Die dominante Art im Kulturgrünland ist meist der Scharfe Hahnenfuß *(R. acris)*. Alle Arten sind blütenökologisch vergleichbar und für Blütenbesucher schon allein wegen ihrer Häufigkeit qualitativ bedeutsam.

Buchsbaum

Buxus sempervirens
Buchsbaumgewächse Buxaceae

Blütezeit	März–April
Tracht	Frühjahrstracht
Nektarwert	mittel
Pollenwert	mittel

Steckbrief

Immergrüner, dicht verzweigter Strauch, gelegentlich auch kleiner Baum, mit aufrechten, zuletzt überhängenden Ästen und Zweigen, bis 7 m hoch. Triebe kantig, grün. Blätter gegenständig, kurz gestielt, oval bis rundlich, stumpf oder leicht ausgerandet, 1–2 cm lang, oberseits glänzend dunkelgrün, unterseits hellgrün, lederig und fest. Bräunliche Kapselfrucht, unauffällig.

Blüten

Blüten klein, eher unauffällig, gelblich, nektarreich, einhäusig: Die wenigen weiblichen Blüten sind jeweils von mehreren männlichen umstellt.

Insektenbonus

Fliegen beuten vor allem das Nektarangebot der Blüten aus, Mauer- und Honigbienen dagegen vor allem die Pollentracht. Die Samen tragen ein proteinreiches Anhängsel (Elaisomom) zur Ameisenverbreitung.

Vorkommen

Sonnige Abhänge, Felsgebüsche, lichte Wälder auf steinigem, zeitweise trockenem Boden. Südwest- und westliches Mitteleuropa, ferner Nordafrika und Westasien. Nördlichstes Wildvorkommen in Deutschland an der unteren Mosel. Häufig und in verschiedenen Sorten als Gartengehölz.

Tipp für den Garten

Alte Kloster- und Bauerngartenpflanze. In Hecken oder als Einzelpflanze wertvolles Nistgehölz.

ROTE JOHANNISBEERE

RIBES RUBRUM
Stachelbeergewächse Grossulariaceae

Blütezeit	April–Mai
Tracht	Frühsommertracht
Nektarwert	hoch
Pollenwert	mittel

STECKBRIEF

Sommergrüner, buschiger Strauch mit aufrechten Ästen, 1–2 m hoch. Triebe kahl, ohne Stachel oder Dornen; Blätter wechselständig, lang gestielt, 3–5-lappig, am Grund herzförmig oder gestutzt, bis 7 cm breit, grob gesägt, Lappen spitz, unterseits zunächst flaumhaarig, später kahl. Beerenfrucht kugelig, etwa erbsengroß, saftig, scharlachrot, säuerlich, essbar.

BLÜTEN

Blüten grünlich gelb oder rötlich, zu 10–20 in anfangs aufrechten, später hängenden Trauben. Staubbeutelhälften durch ein breites Mittelstück getrennt. Der reichlich dargebotene Nektar wird von einem breiten Drüsenring abgesondert.

INSEKTENBONUS

Trotz ihres eher unauffälligen Aussehens werden die grünlich gelben Blüten von Hautflüglern im Allgemeinen heftig umschwärmt.

VORKOMMEN

Auenwälder, Schluchtgehölze und Ufergebüsche von Bächen auf nass-feuchten, tonigen, nährstoffreichen Böden. West- und westliches Mitteleuropa, fehlt jedoch im Tiefland weitgehend, in vielen Gartensorten angebaut und als Beerenobst weit verbreitet.

Die Rote Johannisbeere gilt als sehr formenreich und wird daher heute als Artengruppe mit mehreren Kleinarten aufgefasst, zu der beispielsweise die westeuropäische Wald-Johannisbeere *(Ribes sylvestris)* und die in Skandinavien sowie im Osten vorkommende Ährige oder Nordische J. *(R. spicatum)* gehören. Beide haben neben verschiedenen nordamerikanischen Arten durch Kreuzung ihr Erbgut zu den zahlreichen Sorten rotfrüchtiger Garten-Johannisbeeren beigetragen. Deren häufig verwilderte Exemplare können nicht sicher von den echten Wildformen unterschieden werden.

Tipp für den Garten

Rote Johannisbeeren und ihre nahen Verwandten (Schwarze Johannisbeere, *Ribes nigrum*, Stachelbeere, *Ribes uva-crispa*) gehören unbedingt in jeden naturbetonten Nutzgarten. Selbst wenn man die Früchte nicht selbst erntet, stellen sie eine Nahrungsressource für saisonal ziehende Kleinvogelarten dar.

Scharfer Mauerpfeffer

Sedum acre
Dickblattgewächse Crassulaceae

Blütezeit	Juni–August
Tracht	Sommertracht
Nektarwert	hoch
Pollenwert	mittel

Steckbrief

Mehrjährige Pflanze mit kriechenden oder aufsteigenden, 5–15 cm langen Stängeln. Blätter bis 4 mm lang, im Umriss 3-eckig, auf der Oberseite abgeflacht, unterseits rundlich, dicklich fleischig, schmecken pfefferartig scharf. Bei der ähnlichen Felsen-Fetthenne *(Sedum rupestre)* sind sie 2 cm lang, vorne mit Stachelspitze, an der Basis gespornt.

Blüten

Blüten bis 1,5 cm breit, zu wenigen in dichten Scheindolden. Kronen goldgelb, bei der Felsen-Fetthenne zitronengelb. Die Staubblätter biegen sich zur Pollenabgabe reihum nach innen.

Insektenbonus

Der reichliche Nektar ist in den offenen Scheibenblumen frei zugänglich und wird daher von vielerlei Insekten unterschiedlicher Verwandtschaftsgruppen ausgebeutet.

Vorkommen

Mauern, Bahnschotter, Graudünen, lückige Rasen, Kiesdächer, gerne auf Kalk. Mit Ausnahme des hohen Nordens überall in Europa, im Bergland bis 2300 m Höhe.

Tipp für den Garten

Vor allem für besonnte Steingärten und als Beeteinfassung zu empfehlen. Erträgt ohne Weiteres längere Trockenheit.

WEISSE FETTHENNE

SEDUM ALBUM
Dickblattgewächse Crassulaceae

Blütezeit	Juni–September
Tracht	Sommertracht
Nektarwert	mittel
Pollenwert	mittel

INSEKTENBONUS

Diese Art ist die einzige Futterpflanze des seltenen Apollofalters. Blütenökologisch ist sie wie ihre Verwandten zu beurteilen.

STECKBRIEF

Mehrjährige, in lockeren Rasen wachsende Pflanze, mit aufsteigenden oder aufrechten Stängeln, 5–20 cm hoch. Grund- und Stängelblätter 6–12 mm lang, rundlich walzenförmig, stumpf, grasgrün oder kräftig rötlich bis braunrot (Sonnenschutz).

BLÜTEN

Blüten bis 9 mm breit, zahlreich in rispigen, zur Scheindolde abgeflachten Blütenständen. Kronen reinweiß, seltener hellrosa.

VORKOMMEN

Sonnig-trockene und offene Stellen, Mauern, Bahndämme, Felsbänder, Dächer, Halbtrockenrasen, Steinböden. In Mittel- und Südeuropa weit verbreitet, im Norden seltener. Im nördlichen Mitteleuropa vor allem in den Weinbauregionen und dort häufig Aspekt bildend.

TIPP FÜR DEN GARTEN

Als Beeteinfassung, für Trockenmauern oder gruppenweise in Steingärten besonders dekorativ und in der Kultur einfach.

PRÄCHTIGE FETTHENNE

SEDUM SPECTABILE
Dickblattgewächse Crassulaceae

Blütezeit	Juli–September
Tracht	Hochsommertracht
Nektarwert	hoch
Pollenwert	mittel

STECKBRIEF

Mehrjährig, 30–60 cm hoch. Stängel aufrecht, verzweigt. Blätter fast gegenständig oder quirlig, bläulich bereift, nach vorne gezähnt, an der Basis keilförmig.

BLÜTEN

Zahlreich in flachen Scheindolden. Kronblätter sternförmig ausgebreitet, rosa bis rosarot. Die langen Staubblätter überragen die Kronblätter deutlich.

INSEKTENBONUS

Wegen der langen sowie relativ späten Blütezeit und der großen Blütenstände eine bemerkenswert ergiebige Trachtpflanzen vor allem für Hautflügler, aber auch für Schmetterlinge.

VORKOMMEN

Stammt aus Ostasien (China, Korea). In vielen Sorten im Gartenfachhandel.

TIPP FÜR DEN GARTEN

Für Staudenbeete, Sommerrabatten, Steingärten und Mauerkronen bestens geeignet. Ähnlich zu bewerten ist die heimische Purpur-Fetthenne *(Sedum telephium),* mit wechselständigen Blättern.
Alle Arten sind in der Gartenkultur unproblematisch und auch optisch eine wertvolle Bereicherung.

ECHTE WEINREBE, KULTUR-WEINREBE

VITIS VINIFERA
Weinrebengewächse Vitaceae

Blütezeit	Juni–Juli
Tracht	Sommertracht
Nektarwert	mittel
Pollenwert	mittel

STECKBRIEF

Sommergrüner, mithilfe verzweigter Ranken (= umgebildeter Blütenstände) kletternder Strauch, 10–20 m hoch. Junge Triebe behaart; Ranken oder Blütenstände fehlen an jedem dritten Sprossknoten. Blätter lang gestielt, im Umriss rundlich bis herzförmig, 3- bis 5-lappig, scharf gezähnt, oberseits kahl, unterseits dicklich behaart, im Herbst bei den Kulturformen sortenabhängig goldgelb oder intensiv rot. Die Wildform ist geschützt.

BLÜTEN

Blüten unscheinbar, grünlich gelb, schwach duftend, zahlreich in aufrechten oder bogig abstehenden Rispen (= Gescheine) an der Basis jüngerer Triebe, bei der Wildform eingeschlechtig (zweihäusig), bei Kulturreben meist zwittrig. Kelch- und Kronblätter fallen sehr frühzeitig ab. Da der Blütenstand rispig aufgebaut ist, sind auch die Wein«trauben» im botanischen Sinne Fruchtrispen.

INSEKTENBONUS

Trotz ihrer betonten Unauffälligkeit werden die Blüten der Kulturreben zahlreich von Bienen und Hummeln angeflogen. Daneben finden sich auch Käfer und Fliegen als Bestäuber ein.

VORKOMMEN

Die Wildform der Weinrebe ist eine auch im Halbschatten gedeihende heimische Liane in strukturreichen Auenwäldern und bevorzugt tiefgründige, basenreiche Lehm- und Tonböden. Sie ist in Südost- und im südlichen Mitteleuropa, vor allem im Mittelmeergebiet, verbreitet, in Österreich und Deutschland nur sehr selten (Niederösterreich bzw. Oberrheingebiet und an der Donau).

TIPP FÜR DEN GARTEN

Für Spaliere, Lauben, Trennwände oder Pergolen empfehlenswert.

64

Gewöhnliche Jungfernrebe

PARTHENOCISSUS INSERTA
Weinrebengewächse Vitaceae

Blütezeit	Juni–Juli
Tracht	Hochsommertracht
Nektarwert	hoch
Pollenwert	hoch

STECKBRIEF

Sommergrüner Kletterstrauch, bis 6–10 m hoch. Ranken mit jeweils 2–5 verlängerten, windenden Seitenzweigen, ohne oder nur mit schwach entwickelten Haftscheiben; deren dünne Verzweigungsenden verkrallen sich in feine Unebenheiten der Wuchsunterlage oder schwellen darin geringfügig an, womit sie eine zuverlässige Verbindung herstellen. Blätter wechselständig, 5-zählig fingerförmig gefiedert, Fiedern bis 10 cm lang und 3 cm breit. Im Herbst leuchtend karminrot. Beerenfrucht erbsengroß, blauschwarz, bereift, wegen größerer Mengen an Oxalsäure ungenießbar und leicht giftig.

BLÜTEN

Blüten unscheinbar, klein, grünlich gelb. Kronblätter nicht verwachsen.

INSEKTENBONUS

Meist reicher Insektenbesuch auch an städtischen Wuchsplätzen, vor allem Bienen.

VORKOMMEN

Schleiergesellschaften an Waldsäumen, Flussufern und Bahndämmen, ferner an Mauern und in Ruinengelände, auf lehmig-tonigen und relativ nährstoffreichen Böden. Stammt aus dem westlichen Nordamerika, als Zierpflanze verwendet und in Auen verwildert, stellenweise eingebürgert.

TIPP FÜR DEN GARTEN

Erträgt auch Halbschatten. Für die Fassadenbegrünung sehr gut geeignet.

GEWÖHNLICHER WUNDKLEE

ANTHYLLIS VULNERARIA
Schmetterlingsblütengewächse Fabaceae

Blütezeit	Mai–August
Tracht	Sommertracht
Nektarwert	hoch
Pollenwert	mittel

STECKBRIEF

Formenreiche, mehrjährige Pflanze mit aufsteigendem Stängel, 15–50 cm hoch. Blätter mit 1–6 Paar länglich elliptischen, nach vorne vergrößerten Seitenfiedern, Endfieder meist größer als das übrige Blatt, seidig behaart.

BLÜTEN

Blüten 1–2 cm lang, in kugeligen Köpfen. Kronen gelb, orange oder rötlich, Kelch dicht zottig behaart, nach der Blüte bauchig aufgetrieben. Vormännliche Blüte, entleert den Pollen schon in die Knospe und presst ihn bei Belastung des Schiffchens durch Blütenbesucher aus.

INSEKTENBONUS

Der Nektar wird in einer Röhre angeboten, die durch Verwachsung der 10 Staubblattstielchen entsteht, und ist nur langrüsseligen Hautflüglern zugänglich.

VORKOMMEN

Magerrasen, Böschungen, Steinbrüche, Trockenhänge, Gebüsche, Wegränder, bevorzugt auf kalkhaltigem Boden. In Europa auch im Gebirge weit verbreitet, im nordwestlichen Mitteleuropa selten.

TIPP FÜR DEN GARTEN

Gelegentlich in Saatmischungen für Wildkrautgärten enthalten. Sehr empfehlenswerte und dekorative Art.

BESENGINSTER

CYTISUS SCOPARIUS
Schmetterlingsblütengewächse Fabaceae

Blütezeit	Mai–Juli
Tracht	Sommertracht
Nektarwert	sehr hoch
Pollenwert	sehr hoch

STECKBRIEF

Sommergrüner, reichästiger Strauch mit kantigen, grünen, rutenförmigen, meist aufrechten Zweigen, 1–2 m hoch. Blätter wechselständig oder in Kurztriebbüscheln, 3-zählig gefiedert, Fiedern etwa 1 cm lang, oval-lanzettlich, fallen eventuell schon frühzeitig ab.

BLÜTEN

Blüten etwa 1 cm lang gestielt, goldgelb, bis 2,5 cm lang, einzeln oder zu zweit in den Blattachseln, ergeben zusammen einen verlängerten traubigen Blütenstand. Beim Herabdrücken des Schiffchens springen die Staubblätter uhrfederartig heraus und verteilen ihren Pollen über das Besucherinsekt.

INSEKTENBONUS

Vor allem für größere Hautflügler bemerkenswert ergiebig. Ähnlich sind auch die heimischen *Genista*-Arten zu bewerten.

VORKOMMEN

Wegränder, Böschungen, Waldsäume, Steinbrüche, fehlt auf Kalkuntergrund, immer auf mäßig saurem Boden und daher zuverlässiger Säurezeiger. In West- und Mitteleuropa weit verbreitet, von der Iberischen Halbinsel bis zum Balkan.

TIPP FÜR DEN GARTEN

Dekorative Art. In vielen als «Edelginster» bezeichneten Gartensorten mit lachsfarbenen, karminroten oder elfenbeinweißen Blüten angepflanzt.

GOLDREGEN

LABURNUM ANAGYROIDES
Schmetterlingsblütengewächse Fabaceae

Blütezeit	Mai–Juni
Tracht	Frühsommertracht
Nektarwert	gering
Pollenwert	hoch

STECKBRIEF
Sommergrüner Strauch oder (mehrstämmiger) Baum
mit glatter, grüner, längsstreifiger Rinde, 3–7 m hoch.
Junge Triebe seidig behaart. Blätter an Langtrieben
wechselständig, an Kurztrieben büschelig, lang
gestielt, 3-zählig gefiedert. Fiedern kurz gestielt, bis
8 cm lang und 2 cm breit, länglich oval, gerundet,
oberseits matt dunkelgrün, unterseits graugrün. Sehr
giftig!

BLÜTEN

Blüten hellgelb, bis 2 cm groß, zahlreich in hängenden, 10–25 cm langen Trauben. Hülse abgeflacht,
hellbraun, zwischen den Samen eingeschnürt. In der
hängenden Traube kommen die Blüten erst durch
Drehung in die übliche Besucherposition.

INSEKTENBONUS
Wird gerne von Bienen und Hummeln angeflogen.

VORKOMMEN
Sonnige Felsen, Eichengebüsche. Von Südostfrank-
reich über die Südalpen bis zum Balkan, in Mitteleuropa wohl nur eingebürgert, häufig angepflanzt.

TIPP FÜR DEN GARTEN
Die im Gartenfachhandel angebotenen Exemplare
sind meist die *Laburnum watereri* genannten
Bastarde aus dieser Art mit dem Alpen-Goldregen
(*Laburnum alpinum*).

BREITBLÄTTRIGE PLATTERBSE

LATHYRUS LATIFOLIUS
Schmetterlingsblütengewächse Fabaceae

Blütezeit	Juli–September
Tracht	Sommertracht
Nektarwert	mittel
Pollenwert	gering

STECKBRIEF

Formenreich, mehrjährig. Stängel bis 3 m lang, breit geflügelt. Blätter mit 1 Paar lanzettlicher, 0,3–4 cm breiten und 4–12 cm langen Fiedern und 1 (verzweigten) Ranke, Blattstiele breit geflügelt.

BLÜTEN

Blüten bis 2 cm lang, zu 3–10 in einseitswendiger Traube, diese mehrfach länger als ihr Tragblatt. Kronen karminrot, blassrosa oder weißlich.

INSEKTENBONUS

Die etwas sperrige Blüte ist durch große und kräftige Hautflügler auszubeuten.

VORKOMMEN

Stammt aus Südeuropa. In Mitteleuropa an vielen Stellen eingebürgert (Neophyt), vor allem entlang von Bahnanlagen, verhält sich jedoch nicht invasiv.

TIPP FÜR DEN GARTEN

Beliebte und dekorative Zierstaude zur Zaunverkleidung. Kultur an sonnigen Stellen unproblematisch. Frostkeimer – Aussaat daher am besten im Herbst.

Gewöhnlicher Hornklee, Wiesen-Hornklee

LOTUS CORNICULATUS
Schmetterlingsblütengewächse Fabaceae

Blütezeit	Mai–August
Tracht	Sommertracht
Nektarwert	hoch
Pollenwert	gering

STECKBRIEF

Mehrjährig, mit liegendem oder aufsteigendem Stängel, bis 30 cm hoch. Blätter 3-zählig, mit sehr großem Nebenblattpaar, kahl, zeigen nächtliche Schlafbewegung.

BLÜTEN

Blüten bis 1,3 cm lang, zu 3–8 in halbkugeligem Köpfchen. Kronen goldgelb, Schiffchenspitze senkrecht nach oben gebogen und meist rötlich.

INSEKTENBONUS

Die auf den Schiffchen landenden Bienen bewirken durch ihr Gewicht, dass der Pollenvorrat durch die Schiffchenspitze ausgepresst wird (Pumpmechanismus). Wichtige Nahrungsquelle auch für zahlreiche Wildbienen-Arten.

VORKOMMEN

Trockenrasen, Fettwiesen, Waldränder, Gebüsch- und Wegsäume; Lehmzeiger. Überall in Europa verbreitet bis häufig. Gelegentlich als Futterpflanze angebaut.

TIPP FÜR DEN GARTEN

Für die artenreiche Wildwiese empfehlenswert, für Zierrasen weniger geeignet.

Saat-Luzerne

Medicago sativa
Schmetterlingsblütengewächse Fabaceae

Blütezeit	Juni–September
Tracht	Sommertracht
Nektarwert	hoch
Pollenwert	gering–mittel

Steckbrief
Mehrjährige, 30–90 cm hohe Pflanze mit verzweigtem, aufrechtem Stängel. Blätter 3-zählig gefiedert, Fiedern fein gezähnt, vorne mit Stachelspitze; Endfieder gestielt, die beiden übrigen sitzend. Reife Hülse schraubig gewunden.

Blüten
Blüten bis 1,2 cm lang, zahlreich in gestielten kopfigen Trauben in den Blattachseln. Kronen lila, violett oder violett-purpurn. Bildet mit der in allen Merkmalen ähnlichen, aber gelb blühenden Sichel-Luzerne *(Medicago falcata)* fruchtbare Bastarde, deren Blüten eigenartig violettgrün gefärbt sind.

Insektenbonus
Wertvolle Trachtpflanze für Honigbienen, aber auch für verschiedene Wildbienen.

Vorkommen
Äcker, Wiesen, lichte Gebüsche, Böschungen, Wegränder. Stammt aus Vorderasien, schon seit Langem als wertvolle Futterpflanze angebaut und oft verwildert.

Tipp für den Garten
Auf nährstoffreichen, tiefgründigen Böden an sonnigen Stellen auch für die Gartenkultur geeignet.

WEISSER STEINKLEE

MELILOTUS ALBUS
Schmetterlingsblütengewächse Fabaceae

Blütezeit	Mai–August
Tracht	Sommertracht
Nektarwert	sehr hoch
Pollenwert	hoch

STECKBRIEF

Zweijährige, bis 120 cm hohe Pflanze mit verzweigtem, aufrechtem Stängel. Blätter wechselständig, 3-zählig gefiedert; Fiedern gestielt, verkehrt-eiförmig, grob gezähnt, kahl. Beim Trocknen entwickelt die Pflanze ebenso wie ihre verwandten Arten durch chemische Reaktionen zwischen Inhaltsstoffen und Enzymen das typische Waldmeisteraroma Cumarin, welches dem Heu seinen süßlichen Duft verleiht. In größeren Mengen ist diese Substanz auch für Weide- und Haustiere giftig.

BLÜTEN

Blüten bis 7 mm lang, zahlreich in 5–8 cm langer, schlanker, aufrechter Traube. Kronen weiß.

INSEKTENBONUS

Wegen der überaus reichen Blütenstände und des oft massenhaften Vorkommens ebenso wie der gelb blühende Hohe Steinklee *(Melilotus altissimus)* eine bemerkenswert ergiebige Trachtpflanze auch für Schwebfliegen.

VORKOMMEN

Brachen, trockene Böschungen, Wegränder, Schuttfluren, lückige Rasen, Bahndämme, Säume, gerne auf nährstoffreichen, leicht kalkhaltigen und steinigen Böden.
In Europa weit verbreitet und fast überall häufig.

TIPP FÜR DEN GARTEN

In Wildpflanzengärten auf trockenen, sonnigen Böden problemlos zu kultivieren.

ECHTER STEINKLEE

MELILOTUS OFFICINALIS
Schmetterlingsblütengewächse Fabaceae

Blütezeit	Juni–September
Tracht	Sommertracht
Nektarwert	sehr hoch
Pollenwert	hoch

STECKBRIEF
Zweijährige, bis 120 cm hohe Pflanze mit schlankem, aufrechtem, wenig verzweigtem Stängel. Blätter 3-zählig gefiedert, Fiedern verkehrt-eiförmig, gezähnt. Nebenblätter glattrandig.

BLÜTEN
Blüten 5–7 mm lang, zahlreich in lang gestielten, schlanken Trauben in den oberen Blattachseln. Kronen goldgelb, Fahne und Flügel deutlich länger als das Schiffchen, Fruchtknoten und Hülse kahl. Beim Hohen Steinklee *(Melilotus altissimus)* sind Fahne, Flügel und Schiffchen gleich lang sowie Fruchtknoten und Hülse behaart.

INSEKTENBONUS
Wegen der mit 2 mm nur relativ kurzen Kronröhre ist der Nektar auch für Blütengäste mit kurzen Rüsseln problemlos erreichbar.

VORKOMMEN
Brachen, Schotterfluren, Bahndämme, Kiesgruben, Steinbrüche, Wegränder, bevorzugt an sonnigen Stellen. Überall in Europa anzutreffen.

TIPP FÜR DEN GARTEN
Wird von Imkern oft im Umfeld der Bienenstöcke angesät. Auch für Wildpflanzengärten geeignet. Braucht sonnige Standorte, erträgt auch Trockenheit.

Futter-Esparsette

Onobrychis viciifolia
Schmetterlingsblütengewächse Fabaceae

Blütezeit	Mai–August
Tracht	Sommertracht
Nektarwert	sehr hoch
Pollenwert	sehr hoch

Steckbrief
Mehrjährige Pflanze mit aufrechtem, verzweigtem Stängel, 30–70 cm hoch. Blätter mit 13–27 schmal linealischen Fiedern mit kurzer, aufgesetzter Stachelspitze.

Blüten
Blüten bis 1,5 cm lang, zahlreich in verlängerten, pyramidenförmigen, lang gestielten Trauben in den oberen Blattachseln. Kronen hellrot, dunkler purpurn geadert, Schiffchen etwa so lang wie die Fahne, Flügel kürzer als der dicht behaarte Kelch. Das feine Streifenmuster der Kronblätter ist ein wichtiges Orientierungssignal für die anfliegenden Blütenbesucher.

Insektenbonus
Bei der Landung ausreichend schwerer Insekten klappt das Schiffchen herunter und pudert den Besucher bauchseitig ein. Nektar auch für kurzrüsselige Wildbienen erreichbar.

Vorkommen
Trockenwiesen, Böschungen, Wegränder, lichte Gebüsche, bevorzugt auf tiefgründigem, kalkhaltigem Boden. Stammt ursprünglich aus Vorderasien, in vielen Teilen Europas aus Futteranbau verwildert und fest eingebürgert, in Mitteleuropa zerstreut in den Wärmegebieten.

Tipp für den Garten
Empfehlenswerte Bereicherung für den Wildblumengarten. Aussaat und Kultur unproblematisch.

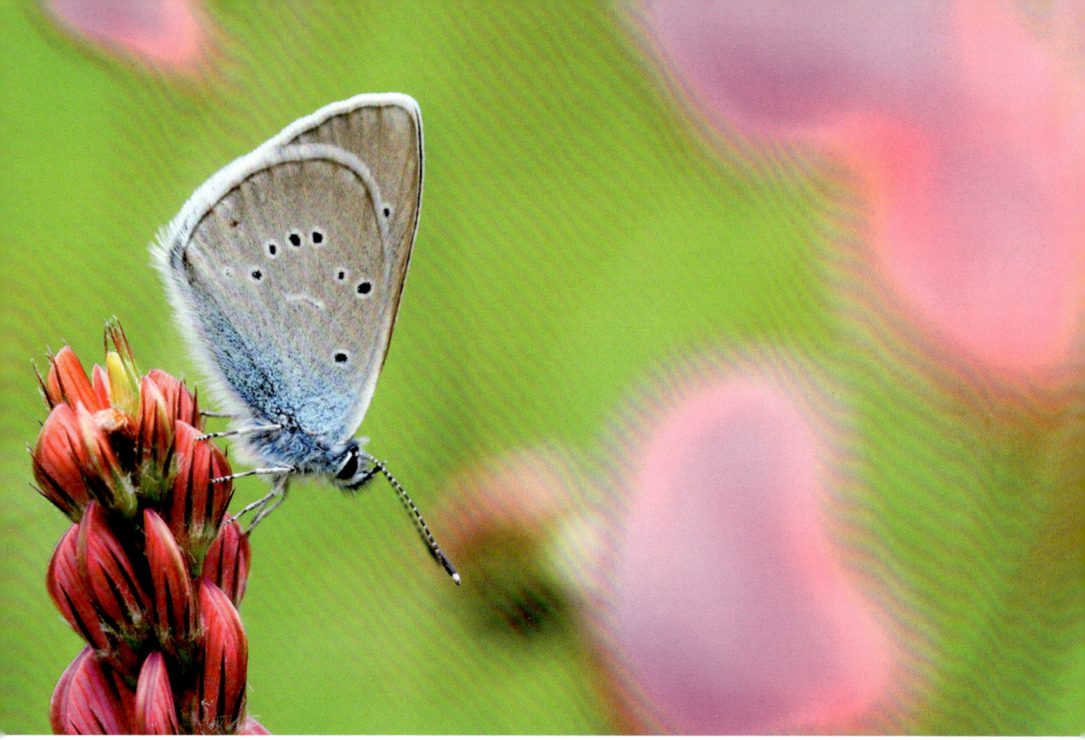

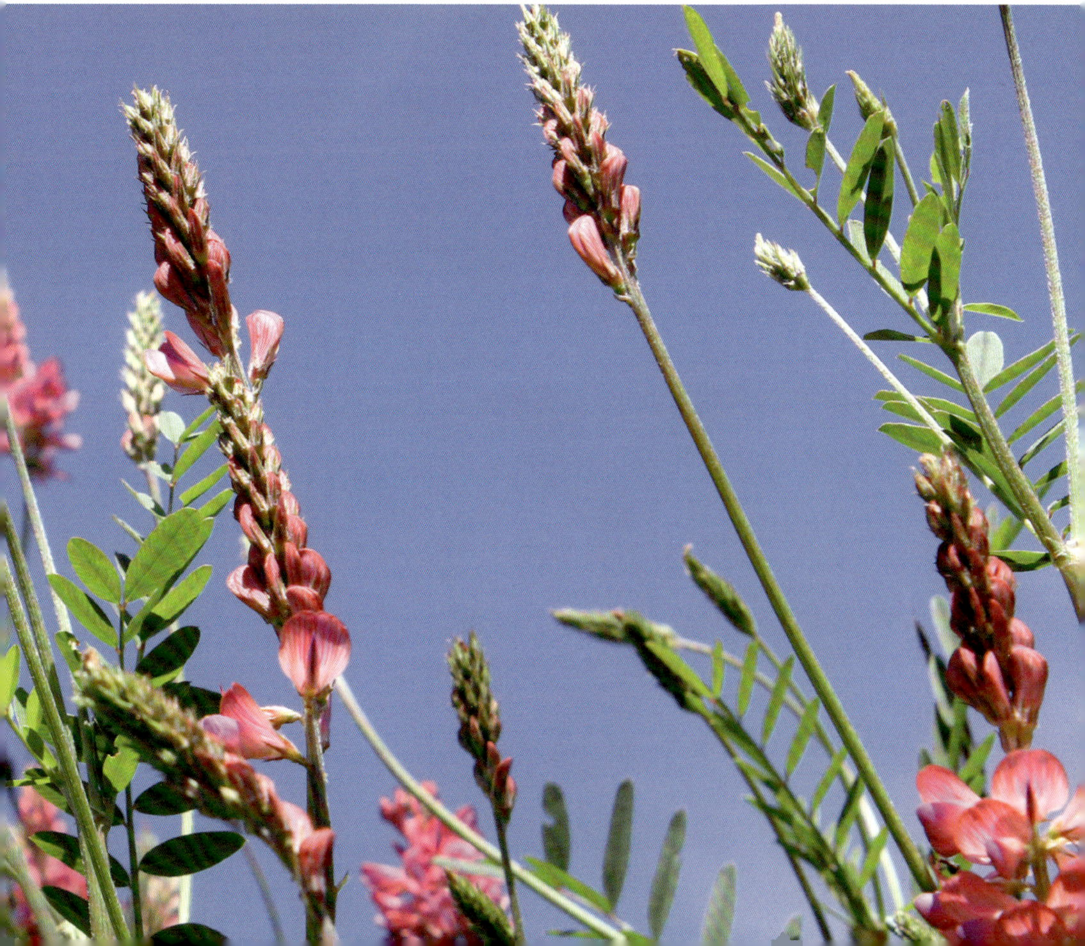

GEWÖHNLICHE ROBINIE

ROBINIA PSEUDOACACIA
Schmetterlingsblütengewächse Fabaceae

Blütezeit	Mai–Juni
Tracht	Frühsommertracht
Nektarwert	sehr hoch
Pollenwert	mittel

STECKBRIEF

Sommergrüner, bis 25 m hoher Baum mit offener, lichter, nach oben an Breite zunehmender und etwas unregelmäßiger, mitunter einseitig schiefer Krone. Rinde mit zunehmendem Alter an Stamm und Ästen tiefrissig. Blätter wechselständig, etwa 3 cm lang gestielt, Spreite bis 25 cm lang und 10 cm breit, unpaarig gefiedert; Fiedern 11–17, etwa 3 cm lang, kurz gestielt, oval, ganzrandig, vorne undeutlich eingeschnitten und in eine kleine Stachelspitze verlängert. Nebenblätter gewöhnlich als lange, spitze Dornen. Samen stark giftig.

BLÜTEN

Blüten zahlreich in hängenden, bis 15 cm langen Trauben. Einzelblüten mit gelblichem Kelch und reinweißer Krone, duften angenehm.

INSEKTENBONUS

Mit etwa 3 mg Nektar je Tag und Einzelblüte gehört die Robinie zu den ergiebigsten Trachtpflanzen für Honigbienen und andere Hautflügler.

VORKOMMEN

Bevorzugt nährstoffreiche, lockere, tiefgründige Böden. Stammt aus dem östlichen Nordamerika (Neuengland-Staaten bis Georgia). In vielen Teilen Europas (und der übrigen Welt) eingebürgert und oft als Parkgehölz oder Straßenbaum gepflanzt. Als Rohbodenpionier auch zur Begrünung von Berghalden verwendet. Gebietsweise auch invasiv und Pioniergehölz in Auen, Kiesgruben und Steinbrüchen.

BUNTE KRONWICKE

SECURIGERA VARIA
Schmetterlingsblütengewächse Fabaceae

Blütezeit	Mai–Juli
Tracht	Sommertracht
Nektarwert	mittel
Pollenwert	mittel

STECKBRIEF

Mehrjährig, mit liegenden, verzweigten, bis über 1 m langen Stängeln. Blätter unpaarig gefiedert; Fiedern schmal linealisch, bis 4 mm breit und 2 cm lang, werden nachts nach oben geklappt. Giftig.

BLÜTEN

Blüten etwa 1,2 cm lang, zu 12–30 in lang gestielten halbkugeligen, köpfchenförmigen Dolden. Schiffchen und Flügel weiß, Fahne rosarot. Der Nektar wird an der Außenseite des Kelchs abgesondert.

INSEKTENBONUS

Regelmäßige Blütenbesucher sind Honigbienen und andere, meist kleinere Hautflügler. Der Pollen wird wie beim Wiesen-Hornklee durch einen Pumpmechanismus aufgetragen.

VORKOMMEN

Trockenrasen, Böschungen, Bahndämme, lichte Gebüsche, Wegsäume. Vor allem in Mitteleuropa weit verbreitet.

TIPP FÜR DEN GARTEN

Empfehlenswerte Art für den Wildblumengarten. Liebt basenreiche, leicht kalkhaltige Böden und offene, sonnige Standorte.

Schweden-Klee

TRIFOLIUM HYBRIDUM
Schmetterlingsblütengewächse Fabaceae

Blütezeit	Mai–September
Tracht	Sommertracht
Nektarwert	sehr hoch
Pollenwert	hoch

STECKBRIEF

Mehrjährig, formenreich, mit aufsteigendem oder aufrechtem, kahlem, verzweigtem Stängel, wurzelt nicht, 30–50 cm hoch. Blätter 3-zählig, Fiedern fast kreisrund. Nebenblätter krautig. Die Art ist trotz ihres wissenschaftlichen Namens keine Hybride, sondern genetisch selbstständig.

BLÜTEN

Schmetterlingsblüte mit Klappvorrichtung, sehr kurz gestielt, zahlreich in dicht gedrängten doldenförmigen Köpfchen. Kronen zunächst weiß, dann rötlich; Kelch 5-nervig, höchstens halb so lang wie Kronen.

INSEKTENBONUS

Wie alle Klee-Arten eine bemerkenswert ergiebige Nahrungsquelle vor allem für kleinere und größere Hautflügler.

VORKOMMEN

Wiesen, aufgelassene Äcker, Grubengelände, Wegränder, gerne auf lehmigen, nährstoffreichen Böden. Meist Kulturrelikt oder als Neophyt verschleppt.

TIPP FÜR DEN GARTEN

Für Wildpflanzengärten als dekorative Saumpflanze zu empfehlen. Kultur sehr einfach.

ROTER WIESEN-KLEE

TRIFOLIUM PRATENSE
Schmetterlingsblütengewächse Fabaceae

Blütezeit	Mai–August
Tracht	Sommertracht
Nektarwert	hoch
Pollenwert	hoch

STECKBRIEF

Formenreiche, mehrjährige Pflanze mit aufsteigenden Stängeln, 10–30 cm hoch, gelegentlich bis 80 cm. Blätter lang gestielt, 3-zählig gefiedert; Fiedern oval, glattrandig, heller oder purpurn gefleckt.

BLÜTEN

Schmetterlingsblüten mit Klappvorrichtung, zahlreich in 2–3 cm breitem, kugelig-eiförmigem Köpfchen, von angenehmem Duft. Kronen purpurn oder rosa; Kelch 10-nervig, behaart.

INSEKTENBONUS

Kleeblüten produzieren einen besonders zuckerreichen Nektar. Für 1 kg Honig müssen die Honigbienen etwa 20 Mio. Blüten anfliegen. Bei den nordeuropäischen Sippen sind die Kronröhren durchweg 10 mm lang und nur für langrüsslige Besucher (vor allem Hummeln) zugänglich. In Mitteleuropa messen die Kronröhren dagegen nur 8–9 mm. Kurzrüsselige Arten beißen die Kronröhren mitunter auch seitlich an.

VORKOMMEN

Weiden, Fettwiesen, Wegsäume. In Europa weit verbreite, häufig. Vielfach als ertragreich, bodenverbessernde Futterpflanze angebaut, überwiegend erst seit dem 18. Jh. Heute weltweit verschleppt.

WEISS-KLEE, KRIECH-KLEE

TRIFOLIUM REPENS
Schmetterlingsblütengewächse Fabaceae

Blütezeit	Mai–September
Tracht	Sommertracht
Nektarwert	sehr hoch
Pollenwert	hoch

STECKBRIEF

Formenreiche, mehrjährige Pflanze mit weit kriechenden, an den Knoten wurzelnden Stängeln. Blätter 3-zählig gefiedert, breit oval, fein gezähnt. Klappen ihre Fiedern bei Dunkelheit zusammen.

BLÜTEN

Schmetterlingsblüten mit Klappvorrichtung, etwa 1 cm lang, duftend, in eiförmigen, 1–2 cm breiten Köpfen. Krone weiß, nach dem Abblühen braun, hängt bleibend herab, Kronröhre etwa 2 mm lang.

INSEKTENBONUS

Wertvolle Bienenfutterpflanze. Wichtigste Bestäuber sind Honig- und Wildbienen. Andere Insekten wie Fliegen oder Schmetterlinge leisten eher zufällig Fremdbestäubung.

VORKOMMEN

Fettweiden, Wiesen, Park- und Zierrasen, Äcker, Schuttstellen, gerne auf stickstoffhaltigem, verdichtetem Boden. Salztolerant, daher auch an Straßenrändern. Wertvoller Bodenverbesserer, wintergrüne Trittpflanze. Vielfach als Bienenweide angebaut. Überall in Europa häufig. Heute weltweit verschleppt.

TIPP FÜR DEN GARTEN

Stellt sich meist von selbst in Zierrasen ein und sollte hier als auflockerndes Element geduldet werden.

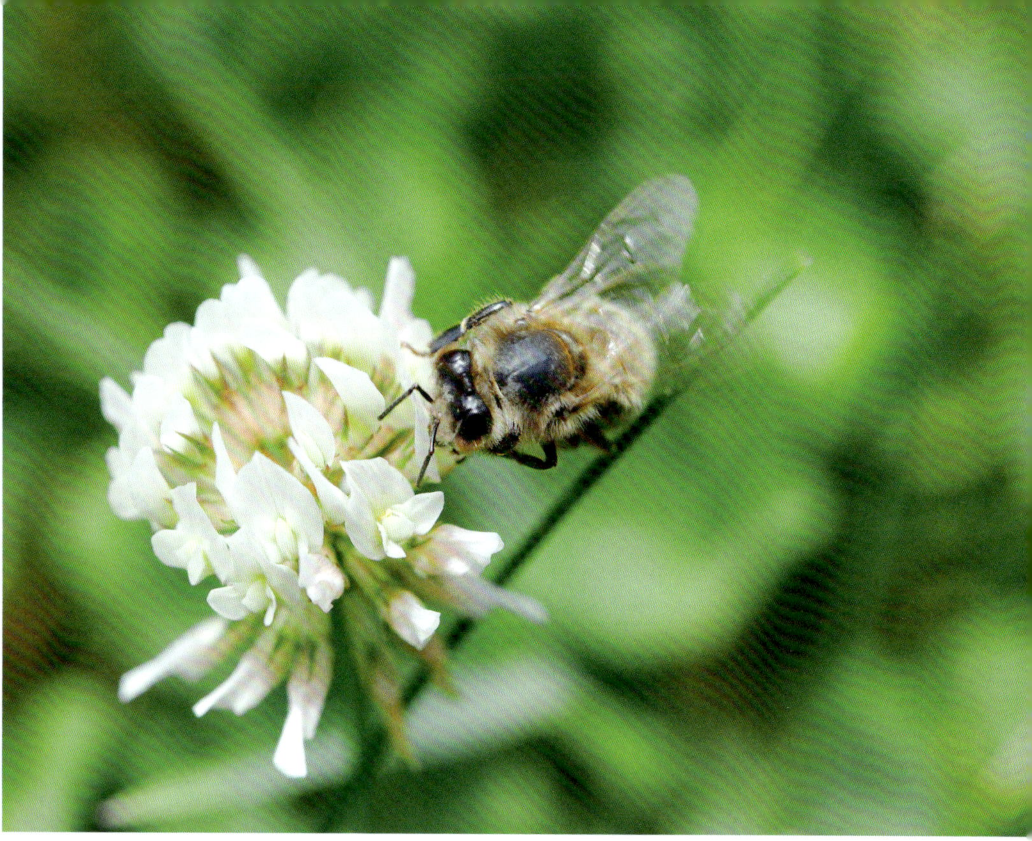

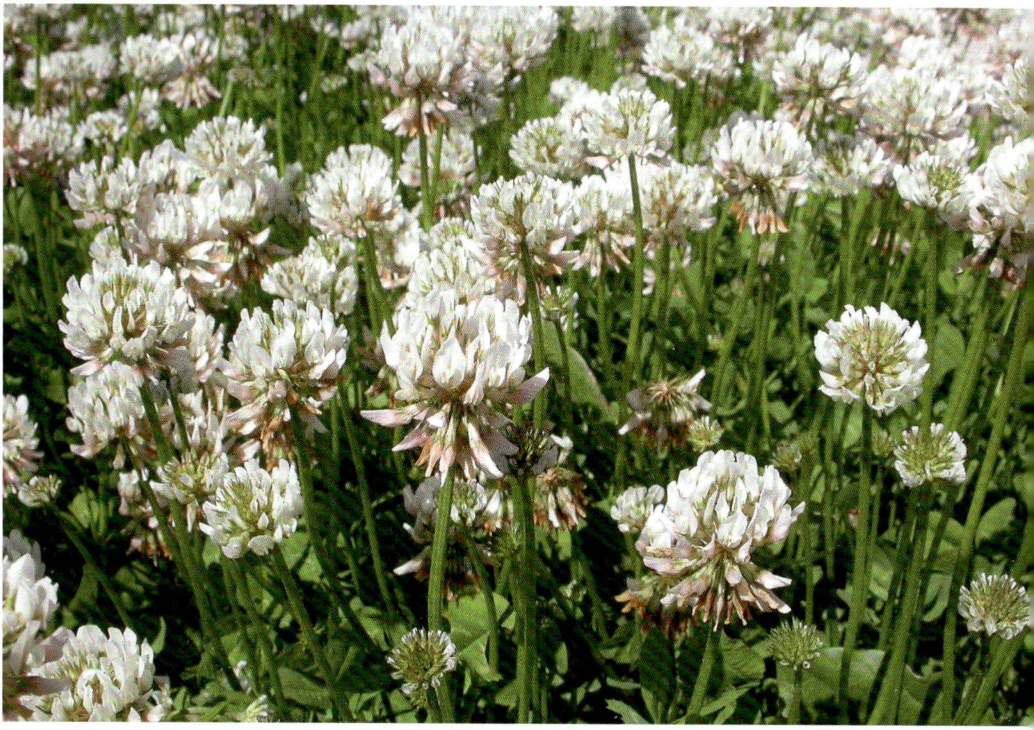

Vogel-Wicke

VICIA CRACCA
Schmetterlingsblütengewächse Fabaceae

Blütezeit	Juni–September
Tracht	Sommertracht
Nektarwert	hoch
Pollenwert	mittel

Steckbrief

Formenreiche, mehrjährige, krautige Kletterpflanze mit dünnen, verzweigten, bis über 1 m langen und kantigen Stängeln. Blätter kahl oder anliegend behaart, mit 6–10 Paar Fiedern, diese je 2–4 mm breit und bis 3 cm lang, die vorderen fast immer zu langen Ranken umgebildet, die kreisende Suchbewegungen ausführen. Nebenblätter mit abstehenden Zipfeln. Die Samen gelten als schwach giftig.

Blüten

Schmetterlingsblüten mit Bürsteneinrichtung, um 1 cm lang, zahlreich in lang gestielter, verlängerter, strikt einseitswendiger, bis 10 cm langer Traube in den Blattachseln. Kronen einheitlich blauviolett.

Insektenbonus

Die Staubbeutel entleeren den Pollen meist schon in der Knospe. Beim Blütenbesuch wird dieser von der Griffelbürste auf die Bauchflanke des Insektes übertragen. Häufige Bestäuber sind neben Hautflüglern auch Schmetterlinge.

Vorkommen

Wälder, Wegränder, Getreideäcker, Gebüsche, Zäune, vor allem auf tiefgründigen, nährstoffreichen Lehmböden. In Europa weit verbreitet und fast überall ziemlich häufig.

Tipp für den Garten

Dekorative Art für Wildblumengärten, erfordert jedoch eine gewisse Kontrolle. Vermehrt sich auch durch unterirdische Ausläufer.

Gewöhnlicher Odermennig

Agrimonia eupatoria
Rosengewächse Rosaceae

Blütezeit	Juni–September
Tracht	Sommertracht
Nektarwert	mittel
Pollenwert	mittel

Steckbrief

Mehrjährige, zur Blütezeit bis 60 cm, fruchtend bis 100 cm hohe Pflanze mit aufrechtem, rauhaarigem, meist unverzweigtem Stängel. Blätter abwechselnd mit großen und kleinen Fiedern, diese grob gezähnt und unterseits weißfilzig.

Blüten

Relativ kurzlebige Blüten bis 1 cm breit, zahlreich in schlanker, kerzengerade, verlängerter Ähre. Kronen hell- bis goldgelb. Der längs gestreifte Kelch wird zur Reifezeit borstig und dient durch Kletthaftung mit Widerhaken der Fruchtausbreitung.

Insektenbonus

Wird von vielen Insekten angeflogen. Ergiebige Tracht, weil die Art oft in großen Beständen auftritt.

Vorkommen

Trockengebüsche, Feldraine, Waldränder, Halbtrockenrasen, Magerwiesen, bevorzugt auf trockenen, kalkhaltigen Böden an sonnigen Stellen. Fast überall in Europa mit Ausnahme des tiefen Südens weit verbreitet und häufig, im Bergland bis auf etwa 1800 m.

Tipp für den Garten

Für besonnte Wuchsplätze im Garten eine empfehlenswerte, weil dekorative Art. Ansiedlung durch Aussaat. In der Kultur einfach.

KANADISCHE FELSENBIRNE, KUPFER-FELSENBIRNE

AMELANCHIER LAMARCKII
Rosengewächse Rosaceae

Blütezeit	April–Mai
Tracht	Frühjahrstracht
Nektarwert	mittel
Pollenwert	mittel–gering

STECKBRIEF

Sommergrüner Großstrauch oder mehrstämmiger Baum, bis etwa 10 m hoch. Triebe seidig behaart. Blätter wechselständig, Blattstiel bleibend behaart, Spreite 4–10 cm lang, länglich elliptisch, an der Basis rundlich oder schwach herzförmig eingebuchtet, im oberen Drittel verschmälert, fein gesägt, im Austrieb kupferrot und unterseits seidig behaart, später kahl und matt dunkelgrün, im Herbst leuchtend gelb bis karminrot.

BLÜTEN

Radförmig ausgebreitete Blüten zu mehreren in verlängerten, meist hängenden Trauben, erscheinen mit dem Laub. Kronblätter reinweiß, behaart, 9–14 mm lang.

INSEKTENBONUS

Ähnlich zu bewerten wie die heimische, sehr empfehlenswerte Gewöhnliche Felsenbirne *(Amelanchier ovalis)*, die nicht allzu häufig ist (Bild diese Seite unten). Vor allem wegen des relativ frühen Blühtermins eine wertvolle Insektenweide.

VORKOMMEN

Wälder und Gebüsche, Saumgehölze auf lockeren, mäßig trockenen bis frischen und nährstoffreichen Böden. Ursprünglich im östlichen Nordamerika, in Mitteleuropa seit Langem als beliebtes Ziergehölz angepflanzt, stellenweise verwildert und eingebürgert.

TIPP FÜR DEN GARTEN

Wertvolles Nahrungs- und Nistgehölz für die heimische Vogelwelt. Die Früchte werden schon unmittelbar nach der Reife vor allem von Drossel-Arten geerntet.

JAPANISCHE SCHEINQUITTE

CHAENOMELES JAPONICA
Rosengewächse Rosaceae

Blütezeit	März–Mai
Tracht	Frühjahrstracht
Nektarwert	mittel
Pollenwert	hoch

STECKBRIEF

Sommergrüner, aufrechter, dicht buschig verzweigter Zierstrauch, 1–2 m hoch, oft sehr breit und ausladend. Triebe meist zottig behaart, Zweige warzig. Blätter wechselständig, kurz gestielt, 3–8 cm lang, breit oval, scharf gesägt. Nebenblätter auffällig, bis 4 cm breit, nierenförmig. Apfelfrucht rundlich länglich, wohlriechend.

BLÜTEN

Blüten einzeln oder zu mehreren an gestauchten Kurztrieben, 3–4 cm breit, weit geöffnet. Kronblätter 5, breit, scharlach- bis ziegelrot; Staubblätter sehr zahlreich; Griffel 5, am Grund verwachsen.

INSEKTENBONUS

Vor allem wegen des relativ frühen Blühtermins im sonst eher blütenarmen Siedlungsland eine wichtige Trachtpflanze.

VORKOMMEN

Ursprünglich nur in Japan, in Europa ausschließlich in Gartenkultur und in vielen Sorten angepflanzt.

TIPP FÜR DEN GARTEN

Ähnlich ist die Chinesische Scheinquitte *(Chaenomeles speciosa)*, die ebenfalls häufig in Gärten zu sehen ist. Von beiden Arten existieren auch Hybriden und zahlreiche weitere Zierformen.

FÄCHER-ZWERGMISPEL

COTONEASTER HORIZONTALIS
Rosengewächse Rosaceae

Blütezeit	Mai–Juni
Tracht	Frühsommertracht
Nektarwert	sehr hoch
Pollenwert	hoch

STECKBRIEF

Halb immergrüner (wintergrüner) Zierstrauch mit flach ausgebreiteten Ästen und fischgratartig horizontalen Zweigen, um 0,5 m hoch. Blätter wechselständig und 2-zeilig, kurz gestielt bis sitzend, 5–12 mm lang, breit elliptisch mit kurzem Spitzchen, oberseits dunkelgrün glänzend, unterseits schwach behaart, im Herbst intensiv scharlachrot. Früchte scharlachrot, schwach giftig.

BLÜTEN

Scheibenblüten kurz gestielt, cremeweiß oder blassrosa, zu 1–2 in den Blattachseln, Kronblätter aufrecht. Bei der recht ähnlichen immergrünen Teppich-Zwergmispel *(Cotoneaster dammeri)* sind die weißen Kronblätter flach ausgebreitet.
Der Nektar wird sehr reichlich von der Innenseite des Achsenbechers abgesondert.

INSEKTENBONUS

Die nektarreichen Blüten werden gerne von Hautflüglern (Feldwespen, Honigbienen) besucht und stellen im eher blütenarmen Siedlungsland eine wichtige Nahrungsquelle dar.

VORKOMMEN

Heimisch in Ostasien (Westchina), in Europa häufig als pflegeleichter Bodendecker angepflanzt, zunehmend an sonnigen Ruderalstandorten verwildert.

TIPP FÜR DEN GARTEN

Die zur Reifezeit leuchtend roten Früchte bieten mehreren Vogelarten, vor allem den Drosseln, eine willkommene Winternahrung. Ansonsten unter ökologischen Gesichtspunkten im Garten eher kritisch zu bewerten, weil die Art an ihren Wuchsplätzen jeglichen Wildkrautaufwuchs unterdrückt.

EINGRIFFELIGER WEISSDORN

CRATAEGUS MONOGYNA
Rosengewächse Rosaceae

Blütezeit	Mai–Juni
Tracht	Frühsommertracht
Nektarwert	mittel
Pollenwert	mittel

STECKBRIEF

Sommergrüner, dicht verzweigter Großstrauch oder kleiner Baum, um 3–5 m hoch. Junge Triebe filzig behaart, im Laufe des Sommers zunehmend kahl. Sprossdornen gerade, bis 2 cm lang. Blätter lang gestielt, rautenförmig, tief 3- bis 7-lappig, die Einbuchtungen reichen weit über die Spreitenmitte hinaus, Spreitenlappen spitz und nur im vorderen Bereich fein gesägt. Apfelfrucht etwa erbsengroß, mit einem Steinkern, rot, säuerlich, ungenießbar.

BLÜTEN

Scheibenblüten weiß, 8–15 mm breit, zu je 5–6 in Schirmrispen, duften unangenehm nach Fisch (Trimethylamin). Zahlreiche Staubblätter mit roten Staubbeuteln; Fruchtknoten mit nur einem langen Griffel.

INSEKTENBONUS

Bestäuber sind in erster Linie Fliegen und Käfer, weniger häufig Hautflügler.

VORKOMMEN

Hecken, Gebüsche, Flurgehölze, Waldsäume, felsige Hänge, von der Ebene bis etwa 1500 m im Gebirge. Mittel- und Südeuropa, südliches Skandinavien, Vorderasien, Nordafrika, häufig als Ziergehölz angepflanzt.

TIPP FÜR DEN GARTEN

Bildet mit der folgenden Art fruchtbare Hybriden, die in den (Blatt-)Merkmalen zwischen den Eltern stehen. Wertvolles Vogelnist- und Fruchtgehölz.

ZWEIGRIFFELIGER WEISSDORN

CRATAEGUS LAEVIGATA
Rosengewächse Rosaceae

Blütezeit	Mai–Juni
Tracht	Frühsommertracht
Nektarwert	mittel
Pollenwert	mittel

STECKBRIEF

Sommergrüner, sparrig verzweigter Großstrauch oder kleiner Baum bis etwa 10 m hoch. Sprossdornen bis 2,5 cm lang. Blätter wechselständig, verkehrt-eiförmig, 3–5 cm lang, im vorderen Teil unregelmäßig 3- bis 5-lappig oder nur tief gekerbt, Lappen reichen kaum bis zur Spreitenmitte, oberseits kahl, dunkelgrün, unterseits bläulich. Apfelfrucht scharlachrot, angedeutet kantig, mit mindestens 2 Steinkernen.

BLÜTEN

Scheibenblüten gestielt, reinweiß, von unangenehmem Duft, zahlreich in Doldenrispen, immer mit 2–3 langen Griffeln.

INSEKTENBONUS

Ähnlich zu bewerten wie die vorige Art.

VORKOMMEN

Hecken, Gebüsche, Laub- und lichte Nadelwälder, Flurgehölze, Gärten, gerne an schattigen und feuchten Standorten in Auen. Nordwest-, Nordost- und Mitteleuropa, südlich bis zum Balkan und zum Apennin, häufig als dekoratives Ziergehölz angepflanzt.

TIPP FÜR DEN GARTEN

Bedeutsamer Nahrungsspender und Lebensraum für zahlreiche heimische Kleintiere (Insekten, Singvögel, Kleinsäuger). Die meist reichlich entwickelten Apfelfrüchte werden von den Tieren oft nicht im Herbst geerntet, sondern bleiben als Wintersteher am Geäst, um im Frühjahr als willkommene Nahrung verfügbar zu sein. Der als Ziergehölz häufig angepflanzte Rotdorn ist eine nicht zu empfehlende Gartenform mit gefüllten, pollensterilen Blüten.

ECHTES MÄDESÜSS, GROSSE SPIERSTAUDE

FILIPENDULA ULMARIA
Rosengewächse Rosaceae

Blütezeit	Juni–August
Tracht	Hochsommertracht
Nektarwert	kein
Pollenwert	hoch

STECKBRIEF

Mehrjährige, kräftige Pflanze mit aufrechtem, verzweigtem, kantigem, kahlem Stängel, 1–1,5 m hoch. Blätter abwechselnd mit großen und kleinen, ovalen, grob gezähnten Fiedern.

BLÜTEN

Scheibenförmige Blüten 6–9 mm breit, zahlreich in endständigen vielstrahligen, etwas unregelmäßigen Scheindolden (Spirren), duften enorm stark und angenehm süßlich (Name!). Kronen gelblich weiß. Bei manchen Pflanzen neben Zwitterblüten auch rein männliche Blüten.

INSEKTENBONUS

Werden von vielerlei Insekten angeflogen, wegen des fehlenden Nektarangebots allerdings nicht von Schmetterlingen.

VORKOMMEN

Hochstaudenfluren von Feucht- und Nasswiesen, Gräben, Niedermoore, Bachauen, Flussufer, Feuchtwälder. Fast überall in Nord- und Mitteleuropa verbreitet und häufig, im Bergland nur bis etwa 1200 m.

TIPP FÜR DEN GARTEN

Vor allem für Gartenteichränder (Sumpfbeete) zu empfehlen. Die Pflanze ist allerdings sehr vermehrungsaktiv.

WALD-ERDBEERE

FRAGARIA VESCA
Rosengewächse Rosaceae

Blütezeit	Mai–Juni
Tracht	Frühsommertracht
Nektarwert	kein
Pollenwert	gering–mittel

STECKBRIEF

Mehrjährige Rosettenpflanze, 5–25 cm hoch, mit oft über 2 m langen oberirdischen Ausläufern, die an den Knoten wurzeln und Tochterpflanzen bilden. Diese werden nach Absterben der Zwischenstücke erst im Folgejahr selbständig. Blätter lang gestielt, 3-zählig, gezähnt, oberseits kahl. Die sich aus den befruchteten Blüten entwickelnden Sammelnussfrüchte sind eventuell Vektoren (Überträger) der Eier des Fuchsbandwurms.

BLÜTEN

Scheibenförmige, (fast) nektarfreie Blüten bis 1,5 cm breit, zu wenigen in endständiger Rispe. Kronblätter weiß, überdecken sich randlich.

INSEKTENBONUS

Die Blüten werden von vielen Kleininsekten besucht, wegen des fehlenden Nektarangebots jedoch nicht von Schmetterlingen.

VORKOMMEN

Lichte Wälder, Schläge, Gebüsche, Säume. In ganz Europa weit verbreitet und fast überall ziemlich häufig. Von der Ebene bis ins höhere Bergland (etwa 2200 m). Kommt auch in Nordamerika vor.

TIPP FÜR DEN GARTEN

Interessante Art für den Wildpflanzengarten, Nahrungsangebot für Kleinvögel und Kleinsäuger (Igel, Bilche).

BACH-NELKENWURZ

GEUM RIVALE
Rosengewächse Rosaceae

Blütezeit	April–Juni
Tracht	Frühsommertracht
Nektarwert	gering
Pollenwert	gering–mittel

STECKBRIEF

Mehrjährige Rhizompflanze mit 20–60 cm hohem, wenig verzweigtem Stängel, im oberen Teil drüsig behaart. Grundblätter abwechselnd mit großen und kleinen Fiedern sowie großer, 3-teiliger Endfieder, alle Abschnitte grob gezähnt. Stängelblätter gelappt oder einfach.

BLÜTEN

Glockige Blüten einzeln oder meist zu wenigen in endständiger Traube, nickend, glockig, bis 1,5 cm lang. Kronblätter innen blassgelb und außen rötlich, dunkler geadert. Kelchblätter wie die Stiele bräunlich rot. Die Blütenglocken werden zur Nektarernte von kurzrüsseligen Hummeln unter Umgehung der Bestäubung angebissen. Neben zwittrigen Blüten gibt es auch rein männliche und sogar rein männliche Pflanzen.

INSEKTENBONUS

Interessante Nahrungsquelle für Pollen sammelnde Bienen, Hummeln und Schwebfliegen.

VORKOMMEN

Feuchtwiesen, Staudenfluren an Bächen, Niedermoore, Feuchtwälder. Nord- und Mitteleuropa, hier vor allem im Bergland, nach Westen seltener, durch Lebensraumverlust (Entwässerung) in vielen Gebieten gefährdet.

TIPP FÜR DEN GARTEN

Empfehlenswerte Art für Staudenrabatten. Sehr dekorativ und ökologisch vergleichbar ist auch die aus Südosteuropa stammende Rote Nelkenwurz *(Geum coccineum).*

ECHTE NELKENWURZ

GEUM URBANUM
Rosengewächse Rosaceae

Blütezeit	Mai–August
Tracht	Frühsommertracht
Nektarwert	gering
Pollenwert	mittel

STECKBRIEF

Mehrjährige, 20–60 cm hohe Pflanze mit wenig verzweigtem, aufrechtem, behaartem Stängel. Rosettige Grundblätter lang gestielt, unpaarig gefiedert mit besonders großer, fiederteiliger Endfieder; Stängelblätter 3-zählig oder einfach, grob gezähnt; Nebenblätter groß und auffällig. Die versteiften Griffel krümmen sich an den reifenden Früchten zu Widerhaken und tragen so zur Klettverbreitung bei.

BLÜTEN

Scheibenförmig ausgebreitete Blüten einzeln, lang gestielt in den oberen Blattachseln oder in lockerer Rispe. Kronen bis 2,5 cm breit, goldgelb.

INSEKTENBONUS

Ähnlich zu bewerten wie die vorige Art.

VORKOMMEN

Bevorzugt nährstoff-, vor allem stickstoffreiche, mäßig feuchte Böden, Gebüsche, Hecken, Säume, Waldränder, Mauern, Brachen, Gärten, Böschungen, Siedlungsraum. Fast überall in Europa recht häufig.

TIPP FÜR DEN GARTEN

Wegen der langen Blühzeit für den Wildblumengarten durchaus empfehlenswert. Benötigt wegen bemerkenswert erfolgreicher Vermehrung eine gewisse Kontrolle.

WILD-APFELBAUM, KULTUR-APFELBAUM

MALUS SYLVESTRIS, MALUS DOMESTICA
Rosengewächse Rosaceae

Blütezeit	April–Mai
Tracht	Frühjahrstracht
Nektarwert	sehr hoch
Pollenwert	sehr hoch

STECKBRIEF

Als Wildform sommergrüner kleiner Baum oder Großstrauch, bis zu 10 m hoch. Nicht blühende Zweige enden in Sprossdornen. Blätter wechselständig, gestielt, 4–10 cm lang und bis 6 cm breit, spitz, an der Basis abgerundet, gekerbt bis fein gezähnt, nach dem Austrieb dicht behaart. Apfelfrüchte der Wildform 2–4 cm dick, kugelig, grün-gelblich, sonnenseits leicht gerötet, holzig, säuerlich, bei der Kulturform sortenabhängig variabel.

BLÜTEN

Scheibenförmige Blüten zu mehreren endständig an Kurztrieben, gestielt, bis 4 cm breit. Kronblätter außen tief rosa, innen reinweiß oder zart rosa. Griffel an der Basis miteinander verwachsen. Staubbeutel gelb.

INSEKTENBONUS

Vor allem für Wildbienen und Hummeln sind sie eine wertvolle Tracht.

VORKOMMEN

Nährstoffreiche, lockere Lehm- und Steinböden in besonnten Lagen. Von Europa bis Westasien, nördlich der Alpen zerstreut, von der Ebene bis auf etwa 1000 m. Von verwilderten Exemplaren der Kultursorten nur schwer zu unterscheiden.

TIPP FÜR DEN GARTEN

Als Hochstämme in Kultursorten einzeln im Hausgarten oder in der siedlungsnahen Flur in Streuobstbeständen angepflanzt – eine Zierde der Kulturlandschaft und ein bedeutsames Lebensraumelement.

REICHBLÜTIGER APFELBAUM

MALUS FLORIBUNDA
Rosengewächse Rosaceae

Blütezeit	April–Mai
Tracht	Frühjahrstracht
Nektarwert	sehr hoch
Pollenwert	sehr hoch

STECKBRIEF

Sommergrüner Zierstrauch oder kleiner Baum, 2–3 m hoch. Blätter bis 3 cm lang, elliptisch, zugespitzt. Apfelfrucht um 1 cm dick, orangerot, eher ungenießbar.

BLÜTEN

Scheibenförmig ausgebreitete Blüten 5-zählig, einzeln oder (häufiger) zahlreich in einfachen Dolden an Kurztrieben; in der Knospe tiefrot, nach der Entfaltung außen tiefrosa und innen fast reinweiß,

INSEKTENBONUS

Ähnlich zu bewerten wie die vorige Art (Wild- und Kultur-Apfelbaum).

VORKOMMEN

Die Wildform unbekannt. Die Art wurde bereits als Kulturpflanze im 18. Jahrhundert aus Japan eingeführt.

TIPP FÜR DEN GARTEN

Die bemerkenswert reich und anhaltend blühende Art ist ausgesprochen empfehlenswert. Sie wird vor allem von Bienen und Hummeln angeflogen, die hier eine reiche Tracht vorfinden. Daneben finden sich auch vielfach Schwebfliegen ein, weniger dagegen Schmetterlinge, obwohl das reichliche Nektarangebot frei zugänglich ist. Die auch zur Fruchtzeit äußerst dekorative Art ist ein klassischer Wintersteher: Im Herbst finden die kleinen Apfelfrüchte bei den Vögeln kaum Interesse, dagegen sehr nach den ersten Frostnächten im Spätherbst und Winter, wenn die übrige Nahrung knapp ist.

FINGERSTRAUCH, STRAUCH-FINGERKRAUT

POTENTILLA FRUTICOSA
Rosengewächse Rosaceae

Blütezeit	Juni–September
Tracht	Sommertracht
Nektarwert	mittel
Pollenwert	mittel

BLÜTEN

Scheibenförmige Blüten 5-zählig, einzeln oder zu 2–3 endständig, bis 3 cm breit, mit goldgelben Kronblättern, überragen die nach dem Abblühen noch lange bleibenden und eventuell ausgefärbten Kelchblätter deutlich.

INSEKTENBONUS

Die zahlreichen Staubblätter zeichnen die Blüten als ergiebige Pollenspender aus. Sie führen zudem Nektardrüsen und werden daher außer von Hautflüglern auch von Schmetterlingen besucht. Für Insektenaugen bietet das scheinbar einheitlich gelbe Innere der Blütenhülle im UV-Licht ein kräftig kontrastierendes Farbmal.

VORKOMMEN

Lichte Wälder, felsige Hänge und Auengehölze entlang von Bach- und Flussufern, von der Ebene bis auf 2000 m im Gebirge. Südwest- bis Südosteuropa, ferner Baltikum, Nord- und Ostasien, küstennahe Gebiete in Nordamerika. Häufig in Kulturorten mit abweichender Blütenfarbe (weiß, kupferrot) oder besonders großblumigen Blütenständen angepflanzt. Stellenweise verwildert und eingebürgert.

TIPP FÜR DEN GARTEN

Für alle Gärten sehr empfehlenswert.

STECKBRIEF

Sommergrüner, aufrechter, reich verzweigter und dichter Wild- oder Zierstrauch mit braunroter Rinde, die sich an den Stämmchen in schmalen Fetzen ablöst, bis etwa 1 m hoch. Blätter kurz gestielt, handförmig 3- bis 5-zählig gefiedert; Fiedern um 1 cm lang, sitzend, länglich lanzettlich, vorne spitz und am Grund keilförmig, glattrandig, oberseits dunkelgrün, unterseits etwas heller, wenig oder nicht behaart.

Vogel-Kirsche, Süss-Kirsche

PRUNUS AVIUM
Rosengewächse Rosaceae

Blütezeit	April–Mai
Tracht	Frühjahrstracht
Nektarwert	sehr hoch
Pollenwert	sehr hoch

Steckbrief

Sommergrüner, bis 30 m hoher Baum mit schmaler, hoher Krone auf schlankem, langschäftigem Stamm. Blätter wechselständig, bis 4 cm lang gestielt, verkehrt-eiförmig bis länglich oval, 7–15 cm lang und 4–8 cm breit, spitz, an der Basis keilförmig und mit 2–4 großen roten Nektardrüsen, gezähnt, oberseits glatt, glänzend dunkelgrün, unterseits heller, in den Nervenwinkeln mit Haarbüscheln. Steinfrucht kugelig, etwa 1 cm dick, hoch- bis dunkelrot

Blüten

Blüten scheibenförmig, lang gestielt, zu mehreren büschelig an Kurztrieben, erscheinen kurz vor dem Laub. Kronblätter 5, reinweiß; bis zu 30 ungleich lange Staubblätter.

Insektenbonus

Wertvolle Trachtpflanze für viele Hautflügler.

Vorkommen

Bevorzugt frische bis feuchte, tiefgründige, nährstoffreiche Böden, oft als Pioniergehölz auf Brachen und Lichtungen sowie an Waldrändern. Von Nordspanien bis zum Kaukasus, in Mitteleuropa überall verbreitet und häufig forstlich angepflanzt.

Tipp für den Garten

Die Vogel-Kirsche ist die Stammform der Süß-Kirsche und von verwilderten Exemplaren der Kultursorten nicht leicht zu unterscheiden. Für den eigenen (ausreichend großen) Garten ist sie immer ein Gewinn. Im Herbst färbt das Laub prächtig zu flammendem Karminrot um.

KIRSCHPFLAUME

PRUNUS CERASIFERA
Rosengewächse Rosaceae

Blütezeit	April–Mai
Tracht	Frühjahrstracht
Nektarwert	mittel
Pollenwert	hoch

STECKBRIEF

Sommergrüner, sehr breiter Strauch oder kleiner Baum, 4–8 m hoch. Blätter lang gestielt, länglich oval bis elliptisch, bis 7 cm lang, gekerbt oder ungleichmäßig gesägt, oberseits glänzend dunkelgrün, kahl, bei manchen Sorten dunkel purpurrot. Steinfrucht 2–3 cm groß, kugelig, reif gelb, rötlich oder braunrot, essbar.

BLÜTEN

Scheibenförmige Blüten reinweiß, um 2 cm breit, einzeln an Kurztrieben.

INSEKTENBONUS

Ähnlich zu bewerten wie die vorige Art.

VORKOMMEN

Sonnige Felsgebüsche und Hänge. Vom Balkan bis nach Vorderasien (Kaukasus), in den Südalpen vielfach verwildert. In Mitteleuropa häufig als Zier- oder Fruchtgehölz angepflanzt und gelegentlich verwildert. Die dunkellaubigen Formen werden gewöhnlich als «Blutpflaume» bezeichnet. Vermutlich Stammpflanze der Mirabelle (Marille).

TIPP FÜR DEN GARTEN

Vor allem wegen des relativ frühen Blühtermins ein empfehlenswertes, ökologisch interessantes Ziergehölz. Die reifen Früchte werden gerne von Singvögeln und Kleinsäugern geerntet.

SAUER-KIRSCHE

PRUNUS CERASUS
Rosengewächse Rosaceae

Blütezeit	April–Mai
Tracht	Frühjahrstracht
Nektarwert	sehr hoch
Pollenwert	sehr hoch

STECKBRIEF

Sommergrüner kleiner Baum oder großer Strauch, bis 8 m hoch, mit breiter, offener Krone auf niedrigem Stamm. Rinde braun-rötlich, nur wenig glänzend. Blätter wechselständig, 3–8 cm lang und bis 5 cm breit, fest, am Spreitengrund oder Blattstiel ohne oder mit wenigen grünlichen Nektardrüsen. Steinfrucht glatt, rot.

BLÜTEN

Scheibenförmige Blüten lang gestielt, zu 2–6 in Büscheln, erscheinen mit dem Laub. Kronblätter 5, kreisrund, reinweiß.

INSEKTENBONUS

Ähnlich zu bewerten wie die vorigen Arten.

VORKOMMEN

Lockere, etwas sandige Lehmböden. Ursprünglich in Südostasien, in Mitteleuropa in mehreren Sorten angebaut: Aus Schattenmorellen, Maraschinokirschen, Amarellen und anderen Sorten stellt man verschiedene Spirituosen her.

TIPP FÜR DEN GARTEN

Bei hinreichendem Platzangebot eine interessante und empfehlenswerte Bereicherung.

GEWÖHNLICHE TRAUBENKIRSCHE

PRUNUS PADUS
Rosengewächse Rosaceae

Blütezeit	April–Mai
Tracht	Frühjahrstracht
Nektarwert	hoch
Pollenwert	hoch

STECKBRIEF

Sommergrüner, bis 15 m hoher Baum, seltener auch Großstrauch mit kegelförmiger, schlanker, gewölbter Krone und überhängenden Zweigen auf schlankem Stamm. Rinde auffallend dunkelbraun bis schwärzlich. Blätter wechselständig, gestielt, Spreite im Umriss elliptisch, 5–9 cm lang, 3–7 cm breit, schlank zugespitzt, an der Basis rundlich mit 1–3 grünlichen Nektardrüsen, matt dunkelgrün, meist kahl. Steinfrucht kugelig, um 8 mm dick, schwarzrot, schmeckt leicht bitter.

BLÜTEN

Scheibenförmige Blüten zahlreich in 7–12 cm langen, hängenden oder abwärts gebogenen Trauben, erscheinen mit dem Laub. Krone bis 2 cm breit, Kronblätter reinweiß, fein gezähnt.

INSEKTENBONUS

Ähnlich zu bewerten wie bei den vorigen *Prunus*-Arten.

VORKOMMEN

Feuchtes Schwemmland in Talauen mit tiefgründigen, nährstoffreichen Böden. Fast überall in Europa verbreitet, jedoch stellenweise lückenhaft, ferner in Vorder- und Ostasien. Gelegentlich als Park- und Straßenbaum gepflanzt. Schattenholz. Im Gebirge (in den Alpen bis 1600 m) tritt meist eine strauchförmige Wuchsform auf.

TIPP FÜR DEN GARTEN

Nur bei ausreichend großem Raumangebot auch für Privatgärten ein dekoratives und empfehlenswertes Element.

SCHLEHE, SCHLEHDORN, SCHWARZDORN

PRUNUS SPINOSA
Rosengewächse Rosaceae

Blütezeit	April–Mai
Tracht	Frühjahrstracht
Nektarwert	mittel
Pollenwert	mittel

STECKBRIEF

Sommergrüner, dichtästiger, sparrig verzweigter Wildstrauch mit bis zu 5 cm langen Kurztriebdornen, 1–4 m hoch. Rinde schwarzbraun (Namen gebendes Merkmal!). Blätter 1–2 cm lang gestielt, wechselständig, an Kurztriebenden büschelig, 3–4 cm lang und bis 2 cm breit, elliptisch bis verkehrt-eiförmig. Steinfrucht kugelig, 1–1,5 cm groß, anfangs bläulich grün, zuletzt blauschwarz.

BLÜTEN

Scheibenförmige Blüten 5-zählig, einzeln an den zahlreichen Kurztrieben, erscheinen vor dem Blattaustrieb. Krone 1–1,5 cm breit, Kronblätter reinweiß, länglich oval, stumpf. Staubblätter ungefähr 20, mit gelben oder rötlichen Staubbeuteln.

INSEKTENBONUS

Wenn sonst noch kein reichhaltiges Angebot zur Verfügung steht, bieten die Blüten eine ergiebige Tracht für Bienen und Hummeln, obwohl die abgegebenen Nektar- und Pollenmengen relativ gering sind. An Schlehen leben die Raupen des selten gewordenen Segelfalters.

VORKOMMEN

Saum von Wäldern und Gebüschen, Feldgehölze, Flurhecken, am Rand von Weinbergen, Wegrändern, trockene Flussauen. Von Portugal bis zum mittleren Skandinavien, ferner Nordafrika und Vorderasien.

TIPP FÜR DEN GARTEN

Schlehen sind in der Kulturlandschaft wertvolle Gehölze, weil sie vielen Kleintieren Nahrung und Schutz bieten. Das dichte Gezweig ist Nistraum für viele Vogelarten. Drosseln ernten ab Spätherbst die reifen Früchte, die eventuell auch als Wintersteher bis zum nachfolgenden Frühjahr im Geäst bleiben. Erst nach kräftigen Frostnächten werden die reichlich vorhandenen und extrem herb schmeckenden Gerbstoffe von den Zellproteinen gebunden, sodass die Früchte auch dann erst den erntenden Vögeln geschmacklich zusagen.

FEUERDORN

PYRACANTHA COCCINEA
Rosengewächse Rosaceae

Blütezeit	Mai–Juni, eventuell erneut ab September
Tracht	Frühsommertracht
Nektarwert	mittel
Pollenwert	hoch

STECKBRIEF

Wintergrüner, dicht verzweigter Strauch mit abstehenden Ästen und verdornten Kurztrieben, 1–3 m hoch. Blätter kurz gestielt, länglich oval, an Langtrieben 5–8 cm, an Kurztrieben 2–4 cm lang und bis 1,5 cm breit, ledrig, stumpf oder mit kurzer Stachelspitze, gezähnt, oberseits glänzend dunkelgrün, unterseits heller. Sie bleiben über Winter ohne Umfärben am Strauch und werden erst im nachfolgenden Frühjahr zu Beginn des Laubaustriebs abgestoßen.

BLÜTEN

Scheibenförmige Blüten, um 1 cm breit, cremeweiß bis rötlich gelb, sehr zahlreich in gestielten, aufrechten, abgeflachten Schirmtrauben.

INSEKTENBONUS

Wird gerne von Rosenkäfern aufgesucht. Ergiebige Trachtpflanze für Bienen und Hummeln.

VORKOMMEN

Waldsäume, Gebüsche, Flurhecken. Südosteuropa von Italien über den Balkan bis ins Schwarzmeergebiet, häufig in verschiedenen Sorten als Ziergehölz in Gärten.

TIPP FÜR DEN GARTEN

Sehr geeignet für sichernde Grenzhecken. Empfehlenswerte und zu allen Jahreszeiten dekorative Art, vor allem auch unter dem Gesichtspunkt der Bedeutung für Kleinvögel.

HECKEN-ROSE, HUNDS-ROSE

ROSA CANINA
Rosengewächse Rosaceae

Blütezeit	April–Mai
Tracht	Frühjahrstracht
Nektarwert	mittel–gering
Pollenwert	hoch

STECKBRIEF

Sommergrüner, im Freistand rundlicher, sonst mit wenig verzweigten Ästen kletternder Wildstrauch mit Ausläufern, 1–3 m hoch. Stacheln der Zweige gleich groß, kräftig, meist nach rückwärts gekrümmt und länger als die Breite ihrer Grundfläche. Blätter gestielt, 8–12 cm lang, 5- bis 7-zählig unpaarig gefiedert; Fiedern fühlen sich dünnhäutig an.

BLÜTEN

Scheibenförmige Blüten zu 1–3 auf kurzen Stielen in den oberen Blattachseln, 4–6 cm breit, blassrosa oder rötlich, selten auch reinweiß, duften nur schwach.

INSEKTENBONUS

Für viele Insekten eine wichtige Proviantstation.

VORKOMMEN

Wegränder, Gebüsche, Feldgehölze, Heckenzeilen, Waldränder und Magerweiden, bevorzugt tiefgründige, nährstoffreiche und eventuell auch kalkhaltige Böden. In Mitteleuropa die mit Abstand häufigste Wildrose und überall mit Ausnahme des nördlichen Skandinaviens anzutreffen, ferner in Nordafrika und Westasien. Oft angepflanzt.

TIPP FÜR DEN GARTEN

Außerordentlich formenreich, wird in viele, schwer unterscheidbare Kleinarten gegliedert. Von der Blüte bis zur Fruchtreife bietet die H.-R. der heimischen Kleintierwelt viel Nahrung und Lebensraum. Auffällig sind beispielsweise die filzig verzweigten, bleichgrünen bis hochroten Gallen der Rosengallwespe, die auch an anderen heimischen Wildrosen auftreten können.

RUNZEL-ROSE, KARTOFFEL-ROSE

ROSA RUGOSA
Rosengewächse Rosaceae

Blütezeit	Mai–September
Tracht	Sommertracht
Nektarwert	mittel
Pollenwert	hoch

STECKBRIEF

Sommergrüner, reichästiger, dichtlaubiger Zier- und Wildstrauch mit dicken aufrechten Ästen, 1–1,5 m hoch. Blätter gestielt, 5- bis 9-zählig unpaarig gefiedert; Fiedern elliptisch bis oval, grob gesägt, derb, oberseits runzlig durch eingesenkte Blattnerven. Nebenblätter breit und gesägt, mit abgespreizten Öhrchen. Hagebutte 2–3 cm groß, kugelig, breiter als hoch, fleischig und weich, scharlachrot, essbar (ohne Kerne).

BLÜTEN

Blüten zu 1–3, tiefrosa oder purpurrosa, mitunter auch reinweiß, bis 8 cm breit. Kelchblätter kahl, aufgerichtet, ungeteilt und ganzrandig,

INSEKTENBONUS

Interessante Trachtpflanze (Pollenlieferant) für größere Hautflügler.

VORKOMMEN

Gebüsche, Wegränder, Braundünen. Stammt aus Ostasien. In Mitteleuropa vielfach als Zierstrauch angepflanzt, regional verwildert bzw. eingebürgert, beispielsweise auf Küstendünen oder -heiden.

TIPP FÜR DEN GARTEN

Die Art wurde um 1850 nach Mitteleuropa eingeführt und ist seither in mehreren Sorten in Gärten und Parks anzutreffen. Sehr windfest, daher auch für Schutzpflanzungen geeignet. Besonders wertvoll für die heimischen Kleintiere.

BIBERNELL-ROSE

ROSA PIMPINELLIFOLIA
Rosengewächse Rosaceae

Blütezeit	April–Mai
Tracht	Frühjahrstracht
Nektarwert	mittel
Pollenwert	hoch

STECKBRIEF

Sommergrüne, auffallend kleinstrauchige Wildrose
mit Ausläufern und wenigen aufrechten Ästen, um
0,5 m hoch. Zweige dicht mit geraden Stacheln und
Stachelborsten besetzt. Blätter gestielt, 4–6 cm lang,
(5)7- bis 9(11)-zählig unpaarig gefiedert; Fiedern
nur um 1 cm lang, rundlich elliptisch, einfach gesägt,
stumpf, beidseits kahl, oberseits mattgrün oder
bronzefarben überlaufen. Nebenblätter klein und
spitz. Hagebutten um 1 cm groß, ausnahmsweise
tiefschwarz bis schwarzbraun.

BLÜTEN

Blüten einzeln, eventuell an gedrängten, kurzen Sei-
tentrieben, lang gestielt, 4–6 cm breit, cremeweiß,
in der Mitte stärker gelblich, sehr selten auch blassrosa.

INSEKTENBONUS

Ähnlich zu bewerten wie die übrigen Wildrosen.

VORKOMMEN

Bevorzugt trockene, lockere oder steinige, eventuell
kalkhaltige Böden, Trockengebüsche, Braundünen,
Zwergstrauchbestände. Europa, Mittelmeergebiet,
Westasien, in Deutschland in den Dünengebieten
der großen Nordseeinseln sowie in Felsgebüschen
der Mittelgebirge in der Weinbauregion, in den
Alpen stellenweise bis etwa 2000 m.

TIPP FÜR DEN GARTEN

Für alle Gärten (in der Wildform!) eine vorbehaltlos
empfehlenswerte Wildrose.

BROMBEERE

RUBUS FRUTICOSUS
Rosengewächse Rosaceae

Blütezeit	Mai–August
Tracht	Sommertracht
Nektarwert	hoch
Pollenwert	hoch

STECKBRIEF
Sommer- bis wintergrüner Strauch mit kantigen, bogig überhängenden, bis 2 m langen Ästen. Blätter lang gestielt, meist 5-zählig gefiedert; Fiedern 5–10 cm lang, gestielt, breit elliptisch, vorne zugespitzt, am Grund abgerundet, grob und ungleichmäßig gezähnt. Blattstiele und Mittelrippe kräftig bestachelt. Sammelsteinfrucht (Brombeere) saftig, schwarzrot, essbar.

BLÜTEN

Scheibenförmige Blüten 5-zählig, weiß oder hellrosa, zahlreich in endständigen Rispen an den vorjährigen Zweigen.

INSEKTENBONUS
Für viele Insekten eine wichtige und ergiebige Trachtpflanze.

VORKOMMEN
Wegränder, Brachland, Waldsäume, Hecken, Gebüsche, Schläge und Feldgehölze, meist in relativ wintermilden Gebieten. Überall in Europa häufig, in großfrüchtigen Sorten auch gärtnerisch und im Erwerbsobstbau verwendet.

TIPP FÜR DEN GARTEN
Sammelart, allein in Mitteleuropa mit mehreren hundert Sippen. Die genauere Bestimmung der Kleinarten ist schwierig. Für praktische Zwecke reicht die Zuordnung zur Sammelgruppe aus. Für Gärtner wegen invasiver Tendenzen weniger empfehlenswert.

HIMBEERE

RUBUS IDAEUS
Rosengewächse Rosaceae

Blütezeit	Mai–August
Tracht	Sommertracht
Nektarwert	hoch
Pollenwert	hoch

STECKBRIEF

Sommergrüner Strauch mit zahlreichen Ausläufern (Wurzelsprossen) und rutenförmigen, aufrechten (1-jährigen) sowie bogig überhängenden (2-jährigen) Trieben, 0,5–1,5 m hoch. Triebe rundlich, schwach bereift und nur im unteren Teil mit kurzen, geraden, oft schwarzroten Stacheln. Blätter meist 3-, seltener 5- bis 7-zählig gefiedert; Fiedern 5–10 cm lang, unterseits auffällig weißfilzig behaart.

BLÜTEN

Scheibenförmige Blüten weiß, in lockeren, aufrechten oder abstehenden Trauben, duften recht aromatisch. Kelchblätter filzig, werden nach dem Abblühen zurückgeschlagen.

INSEKTENBONUS

Reiches Nektarangebot, daher bei Bienen aller Art und Faltern beliebt. Nektar zuckerreich (46 %). Außerdem reiches Pollenangebot.

VORKOMMEN

Lichte Wälder, Gebüsche, Waldschläge, Hochstaudenfluren, Böschungen, Ufer, Felsschutt, Kiesgruben und Steinbrüche. Fast überall in Europa häufig, fehlt im äußersten Norden und Südwesten. Im gemäßigten Asien und im östlichen Nordamerika eingebürgert.

TIPP FÜR DEN GARTEN

Am Sortenbild der Kultur-Himbeeren, unter denen es auch gelbfrüchtige gibt, sind verschiedene nordamerikanische Wild-Himbeeren beteiligt, so die von Alaska bis Kalifornien vorkommende Lachs-Himbeere *(R. spectabilis)*.

Eberesche, Vogelbeere

SORBUS AUCUPARIA
Rosengewächse Rosaceae

Blütezeit	Mai–Juni
Tracht	Frühsommertracht
Nektarwert	mittel
Pollenwert	mittel

STECKBRIEF

Sommergrüner, meist kleiner Baum, 15–20 m hoch. Blätter wechselständig, bis 3 cm lang gestielt, unpaarig gefiedert; Spreite bis 20 cm lang und 11 cm breit, Fiedern 9–17, nur an der Basis ganzrandig, im Herbst prächtig tieforange bis blutrot. Apfelfrüchte kugelig, bis 8 mm dick, reif korallenrot, essbar.

BLÜTEN

Scheibenförmige Blüten, um 1 cm breit, bis etwa 300 in flachen Schirmrispen. Krone cremeweiß. Staubblätter zahlreich. Gelegentlich Zweitblüte im Spätsommer.

INSEKTENBONUS

Der Fischduft der Blüten lockt neben Hautflüglern auch Fliegen und Käfer an.

VORKOMMEN

Licht liebendes Gehölz auf nährstoffreichen, frischen, sauren bis mäßig basischen Lehm- und Steinböden.

Von Nordspanien bis zum Kaukasus, von der Ebene bis auf 2000 m; fehlt in Südeuropa. Häufiges Ziergehölz in Parks und Gärten oder als Straßenbaum.

TIPP FÜR DEN GARTEN

Die meist mehrsamigen Früchte sind keine echten Beeren, sondern ähnlich wie Apfelfrüchte aus Achsengewebe entstanden. Sie sind bei Singvögeln sehr beliebt, insbesondere bei Drosseln, Staren, Finken und sogar Rotkehlchen, aber auch bei verschiedenen Kleinsäugern wie Bilchen und Eichhörnchen. Daraus leitet sich der alte Name Vogelbeere ab.

SPEIERLING

SORBUS DOMESTICA
Rosengewächse Rosaceae

Blütezeit	Mai–Juni
Tracht	Frühsommertracht
Nektarwert	mittel
Pollenwert	mittel

STECKBRIEF

Sommergrüner, bis 20 m hoher Baum. Blätter wechselständig, bis 5 cm lang gestielt, unpaarig gefiedert; Spreite mit 13–21 Fiedern, diese bis 5 cm lang und 2 cm breit, länglich elliptisch, scharf gezähnt, im unteren Drittel immer ganzrandig, oberseits frischgrün, meist kahl. Apfelfrucht lang gestielt, 2–3 cm lang, gelbgrün oder rotbräunlich, dunkler oder heller gepunktet, sonnenseitig stärker gerötet, essbar.

BLÜTEN

Scheibenförmige Blüten duften angenehm, um 15 mm breit, cremeweiß, zahlreich in flacher oder kegelförmiger, bis 10 cm breiter Schirmrispe.

INSEKTENBONUS

Guter Besuch durch Hautflügler, darunter auch Wildbienen.

VORKOMMEN

Mäßig trockene, meist kalkhaltige, sommerwarme, steinige Lehm- oder Tonböden. Lichtholz, nur in Mischbeständen mit anderen Wärme liebenden Laubholzarten. Von Nordwestafrika über die Iberische Halbinsel und den Balkan bis nach Kleinasien weit verbreitet, in Mitteleuropa vor allem in der Weinbauregion angepflanzt und dort gelegentlich verwildert.

TIPP FÜR DEN GARTEN

Dekoratives und ökologisch wertvolles Schmuckgehölz. Ähnlich sind auch die verwandten Arten Gewöhnliche Mehlbeere *(Sorbus aria)* sowie Elsbeere *(S. torminalis)* und ihr Tripelbastard Schwedische Mehlbeere *(S. intermedia)* zu bewerten.

SCHMALBLÄTTRIGE ÖLWEIDE

ELAEAGNUS ANGUSTIFOLIA
Ölweidengewächse Elaeagnaceae

Blütezeit	Mai–Juni
Tracht	Frühsommertracht
Nektarwert	hoch
Pollenwert	gering

STECKBRIEF

Sommergrüner, mittelgroßer, dicht verzweigter und bedornter Strauch oder kleiner Baum, 2–5 m hoch. Blätter wechselständig, gestielt, schmal lanzettlich, lederig, etwa 4–8 cm lang und bis 2 cm breit, vorne spitz oder stumpf gerundet, oberseits graugrün und kahl, unterseits silbergrau und dicht mit silbergrau-weißlichen Sternhaaren.

BLÜTEN

Blüten bis etwa 1 cm breit, zwittrig oder rein männlich, zu 1–4 in den Blattachseln im unteren Bereich der Zweige, duften angenehm nach Leder. Kronblätter fehlen, Kelchblätter innen hellgelb, außen silbrig behaart. Scheinbeere 1–2 cm lang, zylindrisch, hellgelb, mehlig, aromatisch, essbar.

INSEKTENBONUS

Für Bienen und andere Hautflügler sind die nektarreichen Blüten eine ergiebige Tracht.

VORKOMMEN

Ufergehölze an Seen und Flüssen, Waldsäume, Gebüsche sonniger Hänge, auf lockeren, etwas feuchten Böden. Heimisch im zentralen Asien, im 17. Jahrhundert in den Mittelmeerraum eingeführt, in Mitteleuropa häufig als Parkgehölz und stellenweise verwildert.

TIPP FÜR DEN GARTEN

Interessante Gartenzutat, vor allem als Heckenpflanze und Sichtschutz. Erträgt Formschnitt. Ähnlich empfehlenswert Reichblütige Ölweide (*Elaeagnus multiflora*).

FAULBAUM, PULVERHOLZ

FRANGULA ALNUS
Kreuzdorngewächse Rhamnaceae

Blütezeit	Mai–Juni
Tracht	Frühsommertracht
Nektarwert	hoch
Pollenwert	mittel

STECKBRIEF

Sommergrüner, dornenloser, 1–3 m hoher Mittelstrauch oder bis 6 m hoher kleiner Baum. Triebe rostrot behaart. Blätter wechselständig, gestielt, oval bis elliptisch, im vorderen Drittel am breitesten, schlank zugespitzt, mit 7–8 Paar bogig nach vorne verlaufender Seitennerven. Steinfrüchte kugelig, zunächst grün, dann verschiedenstufig gelb, schließlich kräftig rot und zuletzt matt glänzend schwarz, giftig.

BLÜTEN

Trichterförmige Blüten 5-zählig, unscheinbar, grünlich weiß, zu 1–3 in den Blattachseln. Den Trichter bildet der Kelch, die Krone ist stark reduziert.

INSEKTENBONUS

Die Blätter sind die Nahrung der Raupen von Zitronenfalter und Faulbaumbläuling, die nektarreichen Blüten ernähren Bienen, Fliegen und Käfer, die reifen Steinfrüchte vor allem Drosseln.

VORKOMMEN

Waldwege, Gehölzsäume, Ufer, Auengebüsche, Nadelmischbestände, bevorzugt auf staunassen, sauren Böden. In Europa weit verbreitet, vom Tiefland bis 1500 m.

TIPP FÜR DEN GARTEN

Als nicht ganz gewöhnliche und im Fruchtschmuck dekorative Ergänzung zum Strauchbestand in großen Gärten bedenkenswert. Ähnlich zu bewerten ist der nahe verwandte Purgier-Kreuzdorn *(Rhamnus cathartica)*.

Ess-Kastanie, Edel-Kastanie

CASTANEA SATIVA
Buchengewächse Fagaceae

Blütezeit	Juni–Juli
Tracht	Hochsommertracht
Nektarwert	hoch
Pollenwert	sehr hoch

Steckbrief

Sommergrüner, imposanter Baum, bis über 30 m hoch. Stamm bis über 2 m dick, oft schon in geringer Höhe über dem Boden in steile Hauptäste geteilt. Blätter wechselständig, häufig auch 2-zeilig, 10–30 cm lang, länglich lanzettlich, zugespitzt, mit groben, nach vorne weisenden Zähnen, lederig, kahl. Nussfrucht bis 3 cm lang, zu 1–3 in spitz und dicht bestacheltem, hellgrünem Fruchtbecher.

Blüten

Männliche Blüten beim Stäuben hellgelb, zahlreich in kopfigen Teilblütenständen und diese in 15 cm langen, abstehenden oder gebogenen Kätzchen, duften sehr angenehm. Weibliche Blütenstände an deren Basis in Gruppen zu 2–3. Nach einiger Zeit trocknet der anfangs klebrige Pollenkitt, sodass die Pollenkörner einzeln schwebefähig auch vom Wind verfrachtet werden können.

Insektenbonus

Planmäßige Bestäuber sind Insekten, vor allem Hautflügler wie Bienen und Hummeln. Wertvolle Tracht wegen des relativ späten Blühtermins.

Vorkommen

Licht liebender Baum auf lockeren, tiefgründigen, nährstoffreichen, oft kalkhaltigen Lehmböden in sommerwarmen Gebieten. Ursprünglich nur von Spanien über den Südalpenraum bis zum Balkan und nach Kleinasien, in Norditalien bis 1400 m. Nördlich der Alpen war die Ess-Kastanie vermutlich nie zu Hause. Hierher haben sie die Römer zusammen mit dem Weinbau und mit anderen Kulturpflanzen gebracht.

Aufrechter Sauerklee

Oxalis stricta
Sauerkleegewächse Oxalidaceae

Blütezeit	Juli–September
Tracht	Spätsommertracht
Nektarwert	mittel
Pollenwert	mittel

Steckbrief

Ein- bis mehrjährige Pflanze mit aufrechtem, ästigem, beblättertem Stängel und unterirdischen Ausläufern, 15–40 cm hoch. Blätter 3-zählig gefiedert. Fiedern herzförmig, grün. Falten sich bei Dunkelheit und nach heftiger Berührung zusammen. Die Pflanze ist bemerkenswert trockenresistent und regenerationsfähig.

Blüten

Breit trichterförmige Blüten zu 2–6 in lockerer Traube, bis 1,5 cm breit. Kronen hellgelb. Die reifen Kapselfrüchte schleudern ihre Samen explosiv aus.

Insektenbonus

Wegen des relativ späten Blühtermins im Kulturland eine besonders für Honigbienen interessante Trachtpflanze.

Vorkommen

Gärten, Äcker, Parks, Friedhöfe, Gehwegränder, Mauern an besonnten, sommerwarmen Stellen. Stammt aus Neuseeland (Neophyt), in Mitteleuropa mit Ausnahme der Gebirgsgegenden fest eingebürgert, aber nicht invasiv.

Tipp für den Garten

Als Saumpflanze an Beeträndern in sonniger Lage empfehlenswert. Ähnlich zu bewerten ist der vermutlich aus dem tropischen Asien stammende und als Neophyt unproblematische Gehörnte Sauerklee *(Oxalis corniculata)*. Blätter und Stängel dieser Art sind oft rötlich überlaufen.

SILBER-WEIDE

SALIX ALBA
Weidengewächse Salicaceae

Blütezeit	April–Mai
Tracht	Frühjahrstracht
Nektarwert	hoch
Pollenwert	hoch

STECKBRIEF

Sommergrüner, bis 20 m hoher Baum mit offener, breiter, im Alter meist unregelmäßiger Krone auf dickem Stamm. Blätter kurz gestielt, 5–12 cm lang und bis 2 cm breit, im Umriss lanzettlich, an beiden Enden verschmälert, fein gezähnt und drüsig, anfangs auf beiden Seiten anliegend seidig behaart, später oberseits dunkelgrün und fast kahl, unterseits bleibend behaart und graugrün bis bläulich.

BLÜTEN

Zweihäusig. Kätzchen erscheinen unmittelbar vor dem Laubaustrieb, Männliche Kätzchen aufrecht oder aufsteigend, 4–6 cm lang, gelblich, mit 2 Nektardrüsen je Einzelblüte. Weibliche Kätzchen grünlich, aufgerichtet, 3–5 cm lang, mit nur 1 Nektardrüse je Einzelblüte und kahlem Fruchtknoten.

INSEKTENBONUS

Trotz der in den Blüten vorhandenen Nektardrüsen sind die Weiden für Honigbienen in erster Linie Pollenspender. Auch für andere Tierarten bedeutsam: Die regional landschaftstypischen Kopfbaumbestände bieten vielen Tierarten Lebensraum. Hier nisten u. a. Steinkauz, Hohltaube und Weidenmeise.

VORKOMMEN

Periodisch überschwemmte, staunasse und nährstoffreiche Lockerböden von Bächen und Flussauen vor allem im Tiefland, Leitart der Weichholzaue (Baumweidenaue), im Gebirge nur unter 1000 m. Überall in West- und Mitteleuropa verbreitet, fehlt von Natur aus in Skandinavien und Großbritannien, dort jedoch eingebürgert, ferner Nordafrika (Atlasgebirge), Kleinasien und Vorderasien bis zum Kaspischen Meer.

119

Sal-Weide

SALIX CAPREA
Weidengewächse Salicaceae

Blütezeit	März–April
Tracht	Frühjahrstracht
Nektarwert	sehr hoch
Pollenwert	sehr hoch

Steckbrief

Sommergrüner Großstrauch oder Baum bis 10 m Höhe mit breiter Krone und längsfurchiger, grauschwarzer Rinde. Blätter wechselständig, gestielt, 4–12 cm lang und bis 6 cm breit, elliptisch, am Grund rundlich, spitz, am Rand gewellt bis unregelmäßig gezähnt, oberseits dunkelgrün, unterseits graugrün und bleibend dicht flaumig behaart, Nebenblätter unauffällig.

Blüten

Die Blütenstände erscheinen lange vor den Laubblättern. Männliche Kätzchen oval, bis 3 cm lang, im Aufblühen silbrig-fellhaarig (Weiden«kätzchen»), beim Stäuben hellgelb, mit 1 Nektardrüse. Weibliche Kätzchen unscheinbar grünlich.

Insektenbonus

Als besonders reich und frühzeitig blühendes Gehölz die wichtigste Trachtpflanze der Honig- und Wildbienen im Frühjahr, auf der sie nach der Winterruhe wieder mengenweise natürliche Nahrung finden. Deshalb ist das Schneiden von Schmuckreisig verboten. Von den Blättern ernähren sich die Raupen attraktiver Schmetterlingsarten wie Trauermantel, Großer Fuchs, Abendpfauenauge und Großer Schillerfalter.

Vorkommen

Häufiges Pioniergehölz auf Brachen, an Wald- und Wegrändern sowie in Steinbrüchen, oft auch im Saum von Stillgewässern. Lichtholz. Überall in Europa (außer Portugal), in den Alpen bis 2000 m, in Südeuropa nur in den Gebirgen, ferner in West- und Nordostasien.

Tüpfel-Johanniskraut, Tüpfel-Hartheu

Hypericum perforatum
Johanniskrautgewächse Hypericaceae

Blütezeit	Juni–September
Tracht	Hoch- und Spätsommertracht
Nektarwert	kein
Pollenwert	hoch

Steckbrief

Formenreiche, mehrjährige Pflanze mit aufrechtem, deutlich 2-kantigem, aber nicht geflügeltem 30–80 cm hohen Stängel. Blätter gegenständig, sitzend, breit oval bis linealisch, kahl, stumpf, durch zahlreiche Ölbehälter durchscheinend weiß punktiert, am Rand mit schwärzlichen Drüsen.

Blüten

Scheibenförmige Blüten bis 2,5 cm breit, goldgelb, zahlreich in lockerer, pyramidenförmiger, komplex zusammengesetzter Rispe. Kronblätter leicht unsymmetrisch, gezähnt, beim Zerreiben dunkelrot. Staubblätter etwa 80 je Einzelblüte in 3 Büscheln. Pollenangebot vor allem am frühen Morgen.

Insektenbonus

Bestäuber sind vor allem Pollen sammelnde Honig- und Wildbienen, daneben aber auch Schwebfliegen.

Vorkommen

Wegränder, Böschungen, Gleiskörper, Brachen, Magerrasen, Heiden, Trockenhänge, Waldränder auf meist sonnigen, trockenen und meist auch recht nährstoffarmen Stellen. In Europa weit verbreitet und fast überall häufig.

Tipp für den Garten

Dekorative und empfehlenswerte Staude für den artenreichen Wildblumengarten. In der Kultur unproblematisch.

WIESEN-STORCHSCHNABEL

GERANIUM PRATENSE
Storchschnabelgewächse Geraniaceae

Blütezeit	Juni–August
Tracht	Hochsommertracht
Nektarwert	mittel
Pollenwert	mittel

STECKBRIEF

Mehrjährige, bis 60 cm hohe Pflanze mit aufrechtem, verzweigtem, behaartem Stängel. Blätter tief handförmig 5- bis 7-teilig, kurzborstig behaart.

BLÜTEN

Scheiben- bis schalenförmige Blüten 2–4 cm breit, in Rispen. Kronen blauviolett, dunkler geadert. Strikt vormännlich: Zuerst öffnen sich die Staubbeutel, nach deren Abfallen spreizen sich die Narbenlappen. Die Blütenstiele senken sich nach dem Abblühen.

INSEKTENBONUS

Häufigste und planmäßige Bestäuber sind Honigbienen und Schwebfliegen. Wichtige Bienenweide der Sommermonate.

VORKOMMEN

Nährstoffreiche, feuchte Wiesen, Gebüsche, meist auf Kalkböden. Mittel- und Osteuropa, im norddeutschen Tiefland eher selten, sonst verbreitet.

TIPP FÜR DEN GARTEN

Unbedingt empfehlenswerte Art für den Staudengarten. Vergleichbar zu bewerten ist der recht ähnliche Wald-Storchschnabel *(Geranium sylvaticum)*: Blätter nicht ganz bis zur Spreitenbasis handförmig. Blüten bis 3,5 cm breit, kräftig rotviolett, Blütenstiele bleiben nach dem Abblühen aufrecht. Vor allem im Bergland.

STINKENDER STORCHSCHNABEL, RUPRECHTSKRAUT

GERANIUM ROBERTIANUM
Storchschnabelgewächse Geraniaceae

Blütezeit	Mai–Oktober
Tracht	Sommer- und Herbsttracht
Nektarwert	mittel
Pollenwert	mittel

STECKBRIEF

Meist einjährige, winter- oder sommerannuelle Pflanze mit aufrechtem, locker verzweigtem, meist karminrotem und dicht drüsig behaartem Stängel, 10–50 cm hoch. Blätter wechselständig, 3- bis 5-zählig gefiedert, duften beim Zerreiben wie die übrigen Teile sehr aromatisch und nach manchem Empfinden leicht unangenehm. Alte, heute nicht mehr verwendete Heilpflanze.

BLÜTEN

Scheiben- bis schalenförmige, etwas trichterige Blüten 1–2 cm breit, meist zu zweit auf langen Stielen. Kronen rosa mit weißlichen Streifen. Vormännlich: Zuerst reifen die Staubblätter heran, dann erst öffnen sich die Narbenlappen.

INSEKTENBONUS

Wegen der beachtenswert langen Blütezeit eine wichtige, wenn auch nicht besonders ergiebige Trachtpflanze für Honig- und Wildbienen sowie für Schwebfliegen.

VORKOMMEN

Krautreiche Gebüsche, Schuttstellen, Gleiskörper, Böschungen, Zäune, Mauern, Wälder, an stark besonnten, aber auch an sehr tiefschattigen Wuchsplätzen. In Europa fast überall ziemlich häufig. Im Gebirge bis gegen 1700 m.

TIPP FÜR DEN GARTEN

Die wegen ihres etwas strengen Dufts leicht diskreditierte Art verdient unbedingt mehr Toleranz und sollte in keinem wildkrautbetonten Garten fehlen, zumal sie auch an tiefschattigen Stellen bestens gedeiht.

BLUT-WEIDERICH

LYTHRUM SALICARIA
Blutweiderichgewächse Lythraceae

Blütezeit	Mai–Oktober
Tracht	Sommer- und Frühherbsttracht
Nektarwert	hoch
Pollenwert	mittel

STECKBRIEF

Mehrjährige Pflanze, 50–150 cm hoch, mit 4-kanti-gem, aufrechtem, meist unverzweigtem, im oberen Teil behaartem Stängel. Blätter gegenständig, selte-ner auch zu dritt im Wirtel, ungestielt, bis 10 cm lang, lanzettlich, an der Basis leicht gerundet.

BLÜTEN

Trichterförmige Blüten um 2 cm breit, zahlreich in dichter, endständiger Ähre. Kronblätter meist 6, weinrot bis kräftig purpur-violett. Es gibt 3 verschie-dene Blütenvarianten, die sich in der Länge der Staubblätter und der Griffel sowie in der Pollen-größe und -farbe unterscheiden (= Triheterostylie). Eine erfolgreiche Bestäubung und Befruchtung ist möglich, wenn der Bautyp passt.

INSEKTENBONUS

Planmäßige Besucher sind vor allem Hautflügler und Schwebfliegen, daneben aber auch Schmetterlinge und darunter vor allem Weißlinge.

VORKOMMEN

Gräben, Ufer, Nasswiesen, Röhrichte, Bruchwälder, erträgt Überflutung. In fast allen Teilen Europas mit Ausnahme des hohen Nordens weit verbreitet, in Mitteleuropa stellenweise ziemlich häufig. Proble-matischer Neophyt in Nordamerika.

TIPP FÜR DEN GARTEN

Äußerst dekorative Pflanze, für jeden Wildblumen-garten unbedingt empfehlenswert, besonders für die Gartenteich-Randbepflanzung. Wird vom Fach-handel in Sorten angeboten.

SCHMALBLÄTTRIGES WEIDENRÖSCHEN

EPILOBIUM ANGUSTIFOLIUM
Nachtkerzengewächse Onagraceae

Blütezeit	Juni–August
Tracht	Sommertracht
Nektarwert	hoch
Pollenwert	mittel

STECKBRIEF

Mehrjährige, 50–150 cm hohe Pflanze ohne Rosette, aber mit unterirdischen Ausläufern. Stängel aufrecht, unverzweigt, rund. Blätter wechselständig, jedoch vor allem im oberen Stängelteil angenähert gegenständig, kurz gestielt. Spreite schmal lanzettlich, 1–2,5 cm breit und 9–12 cm lang, spitz, oberseits dunkel-, unterseits bläulich grün, am Rand umgebogen.

BLÜTEN

Scheibenförmige Blüten 2–3 cm breit, zahlreich in endständigen, lockeren Trauben. Kronen 4-zählig, purpurrot. Vormännlich: Zuerst öffnen sich die Staubbeutel, dann erst streckt sich die 4-lappige Narbe.

INSEKTENBONUS

Wegen der oft großen Bestände wichtige Bienenfutterpflanze. Häufige Bestäuber sind außerdem Hummeln, Wespen und verschiedene Tagfalter.

VORKOMMEN

Waldränder, Kahlschläge, Gebüsche, Böschungen, Brachen, Bahnschotter, Felsschutt, Trümmergrundstücke, auf frischen, nährstoffreichen Böden.
Überall in Europa verbreitet und meist sehr häufig, tritt gewöhnlich truppweise auf. Weltweit verschleppt.

TIPP FÜR DEN GARTEN

Bemerkenswert dekorative und einfach zu kultivierende Hochstaude für den Wildblumengarten.

ESSIGBAUM, HIRSCHKOLBEN-SUMACH

RHUS TYPHINA
Sumachgewächse Anacardiaceae

Blütezeit	Juni–Juli
Tracht	Hochsommertracht
Nektarwert	hoch
Pollenwert	hoch

128

STECKBRIEF

Sommergrüner, wenig verzweigter Strauch mit dicken Ästen und zahlreichen Ausläufern oder kleiner Baum, 3–5 m hoch. Junge Zweige dicht samtig behaart. Blätter wechselständig, lang gestielt, 30–60 cm lang, 11- bis 31-zählig unpaarig gefiedert. Fiedern 5–12 cm lang, länglich lanzettlich, zugespitzt, grob gesägt, anfangs behaart, sattgrün, unterseits hellgrau, im Herbst prachtvoll karmin- bis scharlachrot. Steinfrüchte rot behaart, daher zur Fruchtzeit intensiv rötlich braun oder rostbraun.

BLÜTEN

Blüten ziemlich klein, unscheinbar, grünlich, zwittrig oder eingeschlechtig (und dann zweihäusig), zahlreich in aufrechten, endständigen, bis 20 cm langen, kolbenartig verdickten Rispen.

INSEKTENBONUS

Als Nektar- und Pollentracht für Honigbienen und andere Hautflügler im Siedlungsland durchaus interessant.

VORKOMMEN

Waldsäume, Wegränder, Offenland. Stammt aus dem östlichen Nordamerika, in Europa häufig als Ziergehölz, an Bahndämmen, auf Schuttplätzen oder in nährstoffreichen Krautfluren verwildert. Als Neophyt teilweise problematisch.

FELD-AHORN, MASSHOLDER

ACER CAMPESTRE
Seifenbaumgewächse Sapindaceae

Blütezeit	Mai
Tracht	Frühjahrstracht
Nektarwert	sehr hoch
Pollenwert	mittel

STECKBRIEF

Sommergrüner, mehrstämmiger Großstrauch oder kleiner, bis 10 m hoher Baum. Zweige manchmal mit auffälligen Korkleisten. Blätter gegenständig, Blattstiel immer mit Milchsaft, bis 6 cm lang, grün, Spreite 5–9 cm lang und meist etwas breiter, 5-lappig buchtig geteilt, wenig gekerbt oder undeutlich gezähnt, an den Enden abgerundet. Die Spaltfrucht zerfällt in zwei geflügelte Nüsse, die Flügel stehen geradlinig zueinander im Winkel von 180°.

BLÜTEN

Scheibenförmige Blüten eingeschlechtig oder zwittrig, sehr nektarreich, gelblich grün, zu 10–25 in kurzen abstehenden oder aufrechten Rispen, erscheinen mit dem Laub.

INSEKTENBONUS

Trotz der eher unauffälligen gelbgrünen Blüten wird die Art von Bienen und Hummeln stark angeflogen.

VORKOMMEN

Frische bis feuchte, nährstoffreiche, mittelgründige Lehmböden. Mischwälder, Feldgehölze, Saumgebüsche, Wegränder und Flurhecken. Von Nordafrika bis Westasien, in Mitteleuropa überall verbreitet, fehlt im Norden der Britischen Inseln und in Skandinavien. In Mitteleuropa vor allem in der Mittelgebirgsregion, in den Alpen bis etwa 1000 m.

TIPP FÜR DEN GARTEN

Für Mischbepflanzungen auf der Gartengrenze zu empfehlen.

Spitz-Ahorn

ACER PLATANOIDES
Seifenbaumgewächse Sapindaceae

Blütezeit	März–Mai
Tracht	Frühjahrstracht
Nektarwert	hoch
Pollenwert	mittel

Steckbrief

Sommergrüner Baum, bis 30 m hoch, mit rundlicher, dichter Krone auf geradem, schlankem Stamm, oft auch von Grund an mehrstämmig. Blätter gegenständig, Blattstiel 3–20 cm lang, oberseits rötlich, mit Milchsaft, Spreite 10–15 cm lang und ebenso breit, mit 5–7 ungleich großen Lappen handförmig geteilt, mit weiten Bögen und schlanken Spitzen, kahl, im Herbst kräftig goldgelb bis rötlich. Flügel der Nussfrüchte schließen einen stumpfen Winkel ein.

Blüten

Scheibenförmige Blüten eingeschlechtig oder zwittrig, in der gleichen doldigen Rispe, gelbgrün, nektarreich. Erscheinen vor dem Laub und lassen den Baum schon vorzeitig ergrünt erscheinen.

Insektenbonus

Als frühzeitiger und reichlicher Nektarproduzent ist er hoch geschätzt.

Vorkommen

Frische bis mäßig feuchte, nährstoffreiche und tiefgründige Böden in Hang- und Schluchtwäldern. Verträgt Halbschatten. Von Südfrankreich (Pyrenäen) bis zum Ural, fehlt in Großbritannien und auf den Mittelmeerinseln. In M-Europa von der Ebene bis auf etwa 1000 m im Gebirge. Häufig in Parks und Alleen angepflanzt und verwildert.

Berg-Ahorn

Acer pseudoplatanus
Seifenbaumgewächse Sapindaceae

Blütezeit	April–Mai
Tracht	Frühjahrstracht
Nektarwert	sehr hoch
Pollenwert	mittel

Steckbrief

Stattlicher, bis 40 m hoher Baum mit breiter, gewölbter Krone auf kräftigem Stamm, vor allem im Freistand prächtigst entwickelt. Blätter gegenständig, mit langen, rötlichen Blattstielen, meist 5-lappig, die vorderen 3 Lappen ungefähr gleich groß, die beiden unteren manchmal nur angedeutet, auf der Oberseite dunkelgrün, auf der Unterseite graugrün, kahl, im Herbst goldgelb bis karminrot, insbesondere nach wenigen kalten Oktobernächten. Die beiden Flügelfrüchte eines Paars bilden ungefähr einen rechten Winkel.

Blüten

Scheibenförmige männliche sowie weibliche Blüten unscheinbar gelblich grün in hängenden, etwa 10 cm langen Trauben, nektarreich, der Nektar wird von einer scheibenförmigen Drüse abgesondert. Öffnen sich nach dem Laubaustrieb.

Insektenbonus

Wichtige Nektar- und Pollennahrung für Honigbienen, Hummeln und Fliegen.

Vorkommen

Wichtiger Waldbaum, selten in Reinbeständen, meist in Buchenmisch- und schattigen Hangwäldern, steigt im Gebirge bis zur Waldgrenze auf. Überall in Europa verbreitet, in mehreren Formen auch im Tiefland vielfach als Straßen- sowie Parkbaum angepflanzt.

Gewöhnliche Rosskastanie

AESCULUS HIPPOCASTANUM
Seifenbaumgewächse Sapindaceae

Blütezeit	April–Mai
Tracht	Frühjahrstracht
Nektarwert	hoch
Pollenwert	hoch

STECKBRIEF

Stattlicher, sommergrüner, bis 25 m hoher Baum mit hoher, dichter, regelmäßiger Krone. Triebe fast fingerdick, mit helleren Korkwarzen. Endknospen sehr groß, vor dem Austrieb klebrig. Blätter gegenständig, Blattstiel bis 20 cm lang, grünlich, am Grund stark verbreitert, hinterlässt große, 3-eckige bis hufeisenförmige Blattnarben, Spreite bis 25 cm lang und fast ebenso breit, handförmig gefiedert. Kapselfrucht 5–6 cm dick, grünlich, bestachelt, mit 1–3 glänzend rotbraunen Samen («Kastanien»).

BLÜTEN

Schräg zygomorphe Blüten zahlreich (zu etwa 100–200) in aufrechten, bis 30 cm langen Scheinrispen. Jedes Staubblatt entwickelt etwa 25 000 Pollenkörner, jeder Blütenstand ungefähr 40 Mio. Die auffälligen Blüten zeigen nach dem Aufblühen ein hellgelbes Farbmal, und nur diese bieten Nektar. An den folgenden Tagen verfärben sie sich über Ziegelrot nach Tiefpurpur bei gleichzeitigem Ende der Duftproduktion. Sobald das «Signal» auf Rot steht, fliegen keine Bienen oder Hummeln mehr an.

INSEKTENBONUS

Bestäuber sind vor allem Hummeln und Bienenverwandte. Seit etwa 1995 hat sich die in den Blättern minierende Kleinschmetterlingsart *Cameraria ohridella* bedrohlich ausgebreitet.

VORKOMMEN

Nährstoffreiche, frische bis feuchte, lockere Lehmböden in Bergwäldern. Ursprünglich nur im nördlichen Balkan. Heute in Europa sowie in Nordamerika angepflanzt und stellenweise eingebürgert.

Winter-Linde

TILIA CORDATA
Malvengewächse Malvaceae

Blütezeit	Juni–Juli
Tracht	Hochsommertracht
Nektarwert	sehr hoch
Pollenwert	gering

STECKBRIEF

Stattlicher, sommergrüner Baum bis 30 m mit dichter, breiter, gewölbter Krone auf kräftigem, geradem Stamm. Blätter wechselständig, 2–5 cm lang gestielt, Spreite rundlich herzförmig und leicht unsymmetrisch, bis 8 cm lang und fast ebenso breit, nur an Wasserreisern größer, gesägt, oberseits dunkelgrün, unterseits bläulich, mit bräunlichen Haarbüscheln in den Winkeln der Hauptnerven. Nussfrüchte dünnschalig, meist kahl, glatt oder nur schwach kantig, etwa 6 mm dick.

BLÜTEN

Scheibenförmige, duftende Blüten zu 4–12 in hängenden Rispen, erscheinen nach dem Laub. Blüht deutlich nach der Sommer-Linde. Maximale Nektarabsonderung abends und nachts.

INSEKTENBONUS

Wichtigste Besucher sind Honigbienen, Hummeln und insbesondere Nachtfalter.

VORKOMMEN

Frische, sommerwarme, basenreiche, tiefgründige Böden vor allem in verschiedenen Eichenwaldgesellschaften, gelegentlich in Reinbeständen, üblicherweise Mischbaumart. Von Südwesteuropa (Pyrenäen) bis zum Ural, fehlt in Irland und Schottland, auf dem südlichen Balkan und den großen Mittelmeerinseln, Vorkommen in Skandinavien nur im südlichen Teil, in Mitteleuropa von der Ebene bis ins Gebirge, in den Alpen bis annähernd 1500 m.

Sommer-Linde

TILIA PLATYPHYLLOS
Malvengewächse Malvaceae

Blütezeit	April–Mai
Tracht	Frühjahrstracht
Nektarwert	sehr hoch
Pollenwert	gering

Steckbrief

Sommergrüner, bis 40 m hoher Baum mit breiter, rundlicher, dichter Krone auf langem, geradem Stamm. Blätter wechselständig, 3–5 cm lang gestielt, 7–12 cm lang und fast ebenso breit, leicht unsymmetrisch herzförmig, mit schlanker Spitze, kerbig gezähnt, unterseits mit zahlreichen weißen Haarbüscheln in den Winkeln der Hauptnerven. Nussfrucht kugelig, knapp 1 cm dick, derb, graufilzig, mit 3–5 deutlichen Längsrippen.

Blüten

Scheibenförmige Blüten nach dem Laub erscheinend, zu 2–6 in hängenden Rispen, Blütenstandsachse von der Hälfte bis zur Basis mit ihrem Tragblatt verwachsen; Blütenhülle gelblich weiß; Staubblätter 20–25; Griffel unbehaart. Der Blühbeginn markiert phänologisch den Beginn des Hochsommers.

Insektenbonus

Lindenhonig enthält nicht nur den Nektar aus den Blüten, sondern auch den von Blattläusen ausgeschiedenen Honigtau.

Vorkommen

Sickerfrische, nährstoff- und basenreiche, lockere Böden in krautreichen Schluchtwäldern, Leitart des Buchen-Linden-Bergwaldes. Schattenholz. Von Südwest- über Mittel- bis nach Südosteuropa (Schwarzmeergebiet), fehlt von Natur aus auf den Britischen Inseln und in Skandinavien, dort jedoch eingebürgert.

Moschus-Malve

Malva moschata
Malvengewächse Malvaceae

Blütezeit	Juni–September
Tracht	Sommertracht
Nektarwert	hoch
Pollenwert	gering–mittel

Steckbrief

Mehrjährige, oft buschig verzweigte Pflanze mit kräftigem, abstehend behaartem Stängel (Sternhaare!), 30–100 cm hoch. Blätter behaart, im Umriss rundlich, bis fast zum Blattgrund handförmig fiederspaltig.

Blüten

Scheibenförmige Blüten 1–3 cm breit, einzeln auf kurzen Stielen in den Blattachseln. Kronen rosa oder weißlich, duften auch nach dem Abblühen noch nach Moschus.

Insektenbonus

Wird gerne von Hummeln, Bienen und Schwebfliegen besucht. Die dunkler gefärbten Adern der Kronblätter sind Strichmale, die zum Blütenzentrum leiten. Wertvoll wegen der langen Blütezeit.

Vorkommen

Stammt aus dem Mittelmeergebiet, in Mitteleuropa meist aus früherem Anbau verwildert. Meist an Straßen und Wegrändern in den Wärmeregionen, nach Norden ziemlich selten.

Tipp für den Garten

Sehr dekorativ. Für die Erhöhung der Artenvielfalt im Staudengarten nachdrücklich zu empfehlen. Ähnlich zu bewerten ist die verwandte Rosen-Malve oder Siegmarswurz *(Malva alcea)*. Kultur in sonnigen Beeten einfach.

Wilde Malve, Rosspappel

MALVA SYLVESTRIS
Malvengewächse Malvaceae

Blütezeit	Juni–September
Tracht	Sommertracht
Nektarwert	hoch
Pollenwert	gering–mittel

Steckbrief

Zwei- bis mehrjährige Pflanze, 40–120 cm hoch, mit ästig verzweigtem, aufsteigendem oder aufrechtem Stängel. Blätter gestielt, handförmig in 5–7 ungleich große Lappen geteilt, die oberen tief bis zur Basis eingeschnitten.

Blüten

Blüten gestielt, zu mehreren in den oberen Blattachseln. Kronen bis 4 cm breit, kräftig rosarot, vorne ausgerandet, dunkler gestreift, Kelchblätter bis zur Mitte verwachsen. Der Nektar wird ausnahmsweise von der Oberseite der Kelchblätter abgeschieden.

Insektenbonus

Wird gerne von Hautflüglern und Schwebfliegen besucht. Die Blüten dienen Wildbienen auch als Schlafplatz.

Vorkommen

Schuttstellen, Brachen, Wegränder, Böschungen, Mauern, Gärten, meist auf nährstoffreichen, trockenen Böden. Fast überall in Mittel- und Südeuropa, in Deutschland im nordwestlichen Tiefland selten.

Tipp für den Garten

Dekorative Art – für den Wildblumen- bzw. Staudengarten nachdrücklich zu empfehlen.

Diptam

DICTAMNUS ALBUS
Rautengewächse Rutaceae

Blütezeit	Mai–Juni
Tracht	Frühsommertracht
Nektarwert	hoch
Pollenwert	mittel

STECKBRIEF

Mehrjährige, meist sehr stattliche Pflanze mit aufrechtem, buschig verzweigtem, bis über 1 m hohem, dicht drüsig behaartem Stängel. Blätter wechselständig, gestielt, unpaarig gefiedert. Fiedern gezähnt, durchscheinend punktiert, duften beim Abstreifen aromatisch und intensiv nach Zitrone. In A, CH und D als Wildpflanze geschützt.

BLÜTEN

Lippenartige Blüten 2–3 cm breit, 2-seitig symmetrisch. Kronblätter weißlich, dunkler purpurn bis violett geadert; 4 weisen nach oben, das fünfte bildet die Unterlippe als Landeorgan. Die kräftigen Staubblattstielchen dienen zusätzlich als Sitzstangen. Der Nektar wird am Blütenboden abgeschieden. Zahlreiche Blüten in endständiger, lockerer Traube.

INSEKTENBONUS

Wichtigste Bestäuber sind große Hautflügler, aber auch Schwebfliegen und Schmetterlinge.

VORKOMMEN

Lichte Trockenwälder, warme Gebüsche, Waldsäume, Felsfluren, Halbtrockenrasen, meist auf Kalkböden. Nur im südlichen Mittel- und in Südeuropa; in Niederösterreich und im Burgenland nicht selten, in der Schweiz überall, in Deutschland sehr zerstreut, nördlich nur bis zum Mittelrhein- und Moselgebiet

TIPP FÜR DEN GARTEN

Äußerst dekorative Hochstaude. Für wintermilde Lagen auf kalkhaltigen Böden sehr zu empfehlen. Pflanzgut aus dem Gartenfachhandel.

WEINRAUTE

RUTA GRAVEOLENS
Rautengewächse Rutaceae

Blütezeit	Juni–August
Tracht	Sommertracht
Nektarwert	mittel
Pollenwert	gering

STECKBRIEF

An der Basis nur schwach verholzender Halbstrauch, 30–80 cm hoch, mit ästig verzweigten, etwas starren Stängeln. Blätter wechselständig, 2- bis 3-fach gefiedert, bläulich, duften beim Zerreiben stark, aber ein wenig streng aromatisch. Kann durch Furanocumarine bei empfindlichen Personen Hautprobleme hervorrufen.

BLÜTEN

Scheibenförmige Blüten 4-zählig, nur die Endblüte im Blütenstand meist 5-zählig. Kronblätter gelb, löffelförmig hohl, mit zurückgeschlagenem Endzipfel. Den Nektar sondert der gewölbte Blütenboden ab.

INSEKTENBONUS

Hauptsächliche Besucher sind kleine und große Hautflügler sowie Schwebfliegen.

VORKOMMEN

Stammt aus dem Mittelmeergebiet. Nur in Wärmegebieten (Weinbauregionen) an Mauern, in Felsgebüschen oder Trockenhängen aus der Gartenkultur verwildert und gelegentlich eingebürgert.

TIPP FÜR DEN GARTEN

Alte Heil- und Aromapflanze, sehr dekorativ, zur Artenanreicherung im eigenen Garten zu empfehlen. Kultur unproblematisch. Pflanzgut als Containerware aus dem Gartenfachhandel.

GEWÖHNLICHER SEIDELBAST

DAPHNE MEZEREUM
Seidelbastgewächse Thymelaeaceae

Blütezeit	Februar–April
Tracht	Frühjahrstracht
Nektarwert	hoch
Pollenwert	mittel

STECKBRIEF

Sommergrüner, wenig verzweigter Kleinstrauch, 0,4–1,5 m hoch. Äste und Zweige rutenförmig, biegsam, aufrecht oder abstehend, dicht mit kleinen Korkwarzen besetzt. Blätter wechselständig, kurz gestielt, an den Zweigenden büschelig gehäuft, 3–8 cm lang, länglich lanzettlich, oberseits lebhaft grün, unterseits graugrün oder bläulich. Steinfrüchte korallenrot. Alle Teile der Pflanze sind stark giftig. In Deutschland geschützt.

BLÜTEN

Blüten stehen büschelig zusammen, erscheinen vor dem Laubaustrieb, duften stark und angenehm. Krone fehlt, stattdessen kronblattartig ausgefärbte Kelchblätter, rosapurpurn bis karminrot.

INSEKTENBONUS

Wegen des frühen Blühtermins für Hautflügler und Schmetterlinge bedeutsam.

VORKOMMEN

Schattige Gebüsche und Laubmischwälder auf wechselfeuchten Böden. In Europa weit verbreitet, vor allem im höheren Mittelgebirge, in den Alpen bis 2000 m, fehlt im Tiefland. In Sorten als Ziergehölz in Gärten und Parks gepflanzt.

TIPP FÜR DEN GARTEN

Äußerst dekorative Art, wegen der enormen Giftigkeit jedoch für Familiengärten nur eingeschränkt empfehlenswert. Die lebhaft gefärbten Früchte sind für Vögel völlig ungefährlich; die Giftstoffe wirken nur bei Säugern.

FÄRBER-RESEDE, FÄRBER-WAU

RESEDA LUTEOLA
Resedengewächse Resedaceae

Blütezeit	Juni–September
Tracht	Sommertracht
Nektarwert	mittel
Pollenwert	hoch

STECKBRIEF

Meist zweijährige Halbrosettenpflanze, bis 120 cm hoch, mit steif aufrechtem, gewöhnlich unverzweigtem Stängel. Blätter schmal lanzettlich, ungeteilt, sitzend.

BLÜTEN

Scheibenförmige Blüten klein, unauffällig, hellgelb oder grünlich gelb, ohne besonderen Duft, 4-zählig. Kronblätter geschlitzt. Ergeben aber durch ihre stattliche Anzahl im großen, ährigen Blütenstand einen auffälligen Aspekt.

INSEKTENBONUS

Blütenbesucher sind vor allem kleinere Wildbienen, Fliegen und Käfer.

VORKOMMEN

Trockenrasen, Mauern, Schotterfluren, Wegränder, Brachen, Steinbrüche, Schotterfluren. Stammt aus dem Mittelmeergebiet. Kulturbegleiter seit der jüngeren Steinzeit (Archäophyt), durch früheren Anbau als Färberpflanze vielerorts verwildert.

TIPP FÜR DEN GARTEN

Als dekorative Zutat für das Staudenbeet zu empfehlen. Ähnlich empfehlenswert ist die aus Afrika stammende Wohlriechende Resede *(Reseda odorata)*, die aus Samen leicht zu ziehen ist und auch Halbschatten verträgt.

Raps

BRASSICA NAPUS
Kreuzblütengewächse Brassicaceae

Blütezeit	Mai
Tracht	Frühjahrstracht
Nektarwert	sehr hoch
Pollenwert	sehr hoch

STECKBRIEF
Einjährige Kulturpflanze mit aufrechtem, nur im oberen Teil verzweigtem Stängel, bis etwa 120 cm hoch. Blätter kahl, wachsig bereift und daher bläulich. Obere Stängelblätter sitzend oder herzförmig stängelumfassend.

BLÜTEN
Scheiben- bis leicht trichterförmige 4-zählige Blüten. Kronen leuchtend gelb. Kelchblätter grünlich gelb, abstehend. Nektarabsonderung wie bei fast allen Vertretern dieser Familie an der Basis der Staubblattstielchen.

INSEKTENBONUS
Das Nektar- und Pollenangebot ist vormittags am größten. Wichtigste Trachtpflanze unter den landwirtschaftlich angebauten Arten.

Vorkommen

Bedeutende, sorten- und formenreich angebaute Ölfrucht, meist auf lehmigen, frischen, auch kalkreichen Böden in wintermilden Lagen. Nicht selten entlang von Transportwegen (Straßenränder, Schotterbetten) verwildert. Auch als Grünfutter angebaut. Entstand aus der Kreuzung Gemüse-Kohl *(Brassica oleracea)* mit Rübsen *(B. rapa)*.

Tipp für den Garten

Anpflanzung im eigenen Garten wegen der hohen Präsenz in der Kulturlandschaft unnötig.

EINJÄHRIGES SILBERBLATT, MONDVIOLE

LUNARIA ANNUA
Kreuzblütengewächse Brassicaceae

Blütezeit	April–Juni
Tracht	Frühjahrs- und Frühsommertracht
Nektarwert	mittel
Pollenwert	mittel

STECKBRIEF

Trotz des deutschen Artnamens eine winterannuelle bis zweijährige Art, bis 100 cm hoch, mit aufrechtem, erst im oberen Teil ästigem Stängel. Blätter gestielt, im Umriss herzförmig, mattgrün. Schoten breit oval bis fast kreisrund. Deren silbrig glänzende Scheidewände sind Namen gebendes Merkmal.

BLÜTEN

Scheibenförmige Blüten, 4-zählig, hell- bis kräftig violett, gelegentlich auch reinweiß, zahlreich in lockeren Rispen. Nektarabsonderung am Grund der Staubblattstielchen.

INSEKTENBONUS

Wird gerne von Hautflüglern, Schwebfliegen und Schmetterlingen (auch Nachtfaltern) besucht. Futterpflanze der Raupen des Aurorafalters.

VORKOMMEN

Stammt aus dem östlichen Mittelmeergebiet. Nördlich der Alpen nur unbeständig an Säumen und in Gebüschen verwildert.

TIPP FÜR DEN GARTEN

Zur Artenanreicherung in Gärten besonders zu empfehlen. Kultur sehr einfach. Vergleichbar ist die im Blühaspekt sehr ähnliche Gewöhnliche Nachtviole (*Hesperis matronalis*) mit lanzettlichen Blättern.

WEISSER SENF

SINAPIS ALBA
Kreuzblütengewächse Brassicaceae

Blütezeit	Mai–Oktober
Tracht	Sommer- und Frühherbsttracht
Nektarwert	mittel
Pollenwert	hoch

STECKBRIEF

Einjährige Pflanze, 30–120 cm hoch, mit aufrechtem, kantigem, verzweigtem Stängel. Blätter wechselständig, auch die oberen gestielt, im Umriss oval, fiederspaltig geteilt oder gefiedert. Schoten stehen waagerecht vom Stängel ab, borstig behaart, enthalten bis 8 gelblich weiße Samen (Name!). Schoten am Ende mit langem, flach gedrücktem Schnabel (= samenloser Schotenabschnitt), säbelartig gekrümmt.

BLÜTEN

Scheibenförmige Blüten bis 1,5 cm breit, schwefelgelb, die gelbgrünen Kelchblätter stehen waagerecht ab. Die Kronblätter reflektieren das UV-Licht sehr stark. Duften sehr stark und angenehm.

INSEKTENBONUS

Wichtige Bienenweide, daneben auch Proviantstation für Fliegen, Käfer und Schmetterlinge.

VORKOMMEN

Wichtige Kulturpflanze, im Mittelmeerraum beheimatet, als Würzpflanze für die Senfherstellung, aber auch für die Gründüngung angebaut. In Mitteleuropa außerhalb von Äckern nur unbeständig als Ruderalpflanze. Ähnlich zu bewerten ist der in Europa heute überall als Kulturbegleiter und Archäophyt seit der Jungsteinzeit auftretende Acker-Senf *(Sinapis arvensis)* mit grob gezähnten, nur im unteren Stängelteil leierförmig eingeschnittenen Blättern. Schoten fast kahl.

TIPP FÜR DEN GARTEN

Der Weiße Senf ist in jedem Fall eine interessante und wegen der Reichblütigkeit wertvolle Bereicherung für den Bienengarten. Bei später Aussaat blüht er sehr reichlich bis weit in den Oktober.

GEWÖHNLICHES SEIFENKRAUT

SAPONARIA OFFICINALIS
Nelkengewächse Caryophyllaceae

Blütezeit	Juli–September
Tracht	Hochsommertracht
Nektarwert	mittel
Pollenwert	mittel

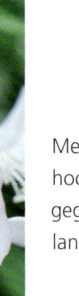

STECKBRIEF

Mehrjährige, kräftige Rhizompflanze, bis 60 cm hoch, mit liegenden bis aufrechten Stängeln. Blätter gegenständig, lanzettlich bis breit elliptisch, 5–10 cm lang, kahl.

BLÜTEN

Stieltellerförmige Blüten bis 3 cm breit, zahlreich in endständigen Büscheln. Kelch röhrig. Kronblätter weißlich oder rosa, bilden mit ihrem nagelförmigen Teil eine fast 2 cm lange Röhre. Duften abends und nachts am stärksten.

INSEKTENBONUS

Wird gerne von größeren Hautflüglern und Schmetterlingen angeflogen, darunter von besonders langrüsseligen Nachtfaltern (Schwärmern).

VORKOMMEN

Staudenfluren auf Brachland, an Ufer und Wegrändern, gerne auf Sand-, Kies- und Steinböden. Wärme liebend, erträgt Trockenheit. In Mittel- und Südeuropa verbreitet. Nördlich der Alpen vermutlich nur Archäophyt. Auch nach Nordamerika verschleppt.

TIPP FÜR DEN GARTEN

Empfehlenswerte, weil besonders dekorative Art. Verhält sich an zusagenden Standorten sehr ausbreitungsfreudig. Ansiedlung durch Aussaat. Mitunter auch im Angebot des Gartenfachhandels.

ROTE LICHTNELKE

SILENE DIOICA
Nelkengewächse Caryophyllaceae

Blütezeit	April–September
Tracht	Sommertracht
Nektarwert	mittel
Pollenwert	mittel

STECKBRIEF
Zwei- bis mehrjährige Pflanze, bis 100 cm hoch, mit aufrechtem, ästigem Stängel. Blätter gegenständig, schmal eiförmig, behaart.

BLÜTEN
Stieltellerförmige Blüten zweihäusig oder zwittrig (dann 3-häusig), bis 2,5 cm breit, zu wenigen in gabeligem, endständigem Blütenstand. Kronen rot oder rosa, mit weißer Nebenkrone.

INSEKTENBONUS
Im Unterschied zu den weiß blühenden Arten ist die Rote Lichtnelke ein Tagblüher und wird von Hautflüglern, Schmetterlingen und Schwebfliegen bestäubt.

VORKOMMEN
Gebüsche, Waldränder, Wiesen, Gräben und Ufer, auf lockeren Böden. In Europa fast überall häufig, fehlt nur im Südosten. Im Bergland bis etwa 2400 m.

TIPP FÜR DEN GARTEN
Dekorative, empfehlenswerte Art. Wird in Sorten auch im Gartenfachhandel angeboten. Bildet mit der nachfolgenden Art trotz der unterschiedlichen Bestäubungsökologie fruchtbare Bastarde, die an ihren hellrosa Blüten zu erkennen sind.

WEISSE LICHTNELKE

SILENE LATIFOLIA
Nelkengewächse Caryophyllaceae

Blütezeit	Juni–September
Tracht	Sommertracht
Nektarwert	mittel
Pollenwert	mittel

STECKBRIEF

Ein- oder zweijährige Pflanze, bis 100 cm hoch, mit aufrechtem, ästig verzweigtem Stängel. Blätter breit lanzettlich. Alle Teile behaart.

BLÜTEN

Der Bau der Blüten entspricht dem Stieltellertyp mit ausgebreiteten Kronblattzipfeln und röhrig zusammengefügten Nagelteil, zweihäusig, bis 2 cm breit, weiß oder leicht rosa, öffnen sich erst abends und beginnen auch erst dann intensiver zu duften.

INSEKTENBONUS

Die Art wird überwiegend von Nachtfaltern (Eulen und Schwärmern) bestäubt und daher auch Nachtnelke genannt.

VORKOMMEN

Mäßig nährstoffreiche Äcker, Wegränder, Gebüsche, trockene, besonnte Säume. Stammt vermutlich aus dem Mittelmeergebiet und ist nördlich der Alpen als Kulturfolger seit der Jungsteinzeit (Archäophyt) verbreitet.

TIPP FÜR DEN GARTEN

Empfehlenswerte Art für das Sommerblumenbeet, ebenso die nahe verwandte und sehr dekorative Pechnelke *(Silene viscaria),* die sich vor allem für Steingärten eignet.

148

Schlangen-Wiesenknöterich

<table>
<tr><td>*BISTORTA OFFICINALIS (POLYGONUM BISTORTA)*</td><td>Blütezeit</td><td>Mai–August</td></tr>
<tr><td>Knöterichgewächse Polygonaceae</td><td>Tracht</td><td>Sommertracht</td></tr>
<tr><td></td><td>Nektarwert</td><td>hoch</td></tr>
<tr><td></td><td>Pollenwert</td><td>mittel</td></tr>
</table>

Steckbrief

Mehrjährige Pflanze mit schlangenförmig gewundenem Rhizom, 50–120 cm hoch. Stängel aufrecht. Grundblätter gestielt, länglich, Stängelblätter sitzend, mit herzförmiger Basis. Blattstiel der unteren Blätter unregelmäßig geflügelt.

Blüten

Glockenförmige Blüten klein, aber sehr zahlreich und dicht in walzenförmiger, endständiger, bis 5 cm langer Scheinähre. Blütenhülle einfach. Perigonblätter rötlich weiß. Duften schwach.

Insektenbonus

Meist sehr reichlicher Insektenbesuch, vor allem durch Honig- und Wildbienen.

Vorkommen

Bach- und Grabenränder, Feucht- und Nasswiesen, Niedermoore, Hochstaudenfluren, Auenbereiche. In Mitteleuropa fast nur im Bergland, in den Alpen bis etwa 1700 m. Durch Lebensraumzerstörung (Entwässerung) an vielen Stellen verschwunden. Kommt auch in Nordamerika vor.

Tipp für den Garten

Als dekorative Zierpflanze vor allem für die Bepflanzung von Gartenteichrändern sehr zu empfehlen. Meist recht ausbreitungsfreudig. Pflanzgut bietet der Gartenfachhandel an.

GELBER HARTRIEGEL, KORNELKIRSCHE

CORNUS MAS
Hartriegelgewächse Cornaceae

Blütezeit	Februar–April
Tracht	Frühjahrstracht
Nektarwert	hoch
Pollenwert	mittel

STECKBRIEF

Sommergrüner, sparrig verzweigter, 3–6 m hoher Strauch oder bis 8 m hoher Baum. Triebe grün, anliegend behaart. Blätter gegenständig, bis 1 cm lang gestielt, 8–10 cm lang und bis 5 cm breit, oval bis elliptisch, schlank zugespitzt, glattrandig, kahl, oberseits glänzend, mit meist 3–4 Bogennervenpaaren. Steinfrucht hängend, reif glänzend scharlachrot, essbar.

BLÜTEN

Scheibenförmige Blüten öffnen sich lange vor den Blättern, etwa 5 mm lang gestielt, zahlreich in

gedrängten Dolden. Kelchblätter kurz, spitz, Kronblätter 2–3 mm lang, lanzettlich, hellgelb bis goldgelb.

INSEKTENBONUS

Wegen des frühen Blühtermins wichtige und ergiebige Bienenweide (Honig- und Wildbienen). Bestäubung auch durch Fliegen.

VORKOMMEN

Lichte, trockene Laubwälder, Waldränder, Säume, Flurhecken, Gebüsche. Mittel- und Südeuropa (in Deutschland nördlich bis zum Rheinland), ferner Kleinasien bis Kaukasus, häufig als Straßen- und Fruchtgehölz oder wegen des frühen Blühtermins in Parks angepflanzt.

TIPP FÜR DEN GARTEN

Sehr geeignet für Heckenpflanzungen. Erträgt einen gewissen Formschnitt. Die reifen Früchte sind bei Vögeln und Kleinsäugern beliebt.

RISPIGE FLAMMENBLUME, STAUDEN-PHLOX

PHLOX PANICULATA
Himmelsleitergewächse Polemoniaceae

Blütezeit	Juli–September
Tracht	Hoch- und Spätsommertracht
Nektarwert	mittel
Pollenwert	mittel

STECKBRIEF

Mehrjährige Pflanze, 60–80 cm hoch, mit aufrechtem, unverzweigtem, kahlem, ungeflecktem Stängel. Blätter länglich oval bis lanzettlich, fast sitzend, die unteren kreuzgegenständig, kahl.

BLÜTEN

Stieltellerförmige Blüten bis 15 mm breit, zahlreich in halbkugeligen bis zylindrischen, dichten Blütenständen. Kronen hellrosa, rot oder bläulich violett, gelegentlich auch weiß. Kronröhre außen behaart. Die Staubblätter überragen den engen Kronröhreneingang nicht.

INSEKTENBONUS

Wird im Sommergarten gerne von Hautflüglern und Schmetterlingen (Tag- und Nachtfaltern) besucht.

VORKOMMEN

Stammt aus dem östlichen Nordamerika, dort in lichten Wäldern und an Flussufern. In Mitteleuropa nur in Gartenkultur und bislang nicht verwildernd.

TIPP FÜR DEN GARTEN

Wegen des dekorativen Wertes für den bunten Sommerstaudengarten sehr zu empfehlen. Für Beetränder ist der etwas früher im Sommer blühende Teppich-Phlox *(Phlox subulata)* eine bedenkenswerte Anreicherung. Diese Art verwildert gelegentlich unbeständig.

HIMMELSLEITER

POLEMONIUM COERULEUM
Himmelsleitergewächse Polemoniaceae

Blütezeit	Juni–August
Tracht	Sommertracht
Nektarwert	hoch
Pollenwert	hoch

STECKBRIEF

Mehrjährige, horstbildende Pflanze, 40–80 cm hoch, mit aufrechtem, kantig gefurchtem und nur im Blütenstand verzweigtem Stängel. Blätter unpaarig gefiedert, Fiedern lanzettlich, bis 0,5 cm breit und 4 cm lang.

BLÜTEN

Radförmige bis leicht glockige Blüten kurzröhrig, bis 2 cm breit. Kronen himmelblau, seltener weiß, Kronzipfel ausgebreitet, Staubblätter weit vorragend. Der Nektar wird von einem ringförmigen Drüsenfeld an der Kronenbasis abgegeben.

INSEKTENBONUS

Bestäubende Besucher sind Honig- und Wildbienen sowie besonders auch Schwebfliegen.

VORKOMMEN

Feuchtwiesen, Niedermoore, Erlengebüsche, Steinschuttfluren in kühl-gemäßigten Regionen. Nord- und Mitteleuropa, in Österreich und der Schweiz vor allem im Bergland, in Deutschland westlich nur bis zum Rhein. Sonst nur in Gärten.

TIPP FÜR DEN GARTEN

Sehr dekorative Art für gemischte Sommerstaudenbeete, gedeiht auch an halbschattigen Standorten. Kultur unproblematisch. Vermehrt sich lebhaft durch Selbstaussaat.

GEWÖHNLICHER GILBWEIDERICH

LYSIMACHIA VULGARIS
Primelgewächse Primulaceae

Blütezeit	Juni–Juli	
Tracht	Sommertracht	
Nektarwert	kein	
Pollenwert	mittel	

STECKBRIEF

Mehrjährige, bis 1,3 m hohe Pflanze mit finger-
dicken, unterirdischen Ausläufern. Stängel flaumig
behaart, nur im Blütenstand verzweigt. Blätter
gegenständig oder zu 3–4 in Wirteln, unterseits
dicht behaart.

BLÜTEN

Glockige Blüten bis 2,5 cm breit, zahlreich in endständigen Rispen. Kronen goldgelb, kahl, Kelchzip-
fel rötlich umrandet. Schattenblüten bleiben kleiner
und sind heller gelb.

INSEKTENBONUS

Die Blüten bieten den Bestäubern keinen Nektar,
sondern als einzige Gattung in der heimischen Flora
fette Öle als Nahrung an, die von Drüsenhaaren an
den Staubblattstielen abgesondert werden. Haupt-
nutznießer sind Schenkelbienen der Gattung *Macropis*. Die Weibchen verrühren Pollen und Öl zu
einer Nährpaste.

VORKOMMEN

Bruchwälder, Hochstaudenfluren an Gewässern,
Lichtungen, Gräben, Feuchtwiesen. In Mitteleuropa
fast überall häufig.

TIPP FÜR DEN GARTEN

Dekorative Art für den sonnigen Staudengarten.
Meist sehr vermehrungsfreudig und in der Kultur
einfach. Ebenfalls empfehlenswert ist der vom Balkan stammende Drüsige Gilbweiderich *(Lysimachia
punctata),* dessen Kronblätter drüsig punktiert sind
(Bild oben rechts).

WIESEN-PRIMEL, DUFTENDE SCHLÜSSELBLUM

PRIMULA VERIS
Primelgewächse Primulaceae

Blütezeit	März–Mai
Tracht	Frühjahrstracht
Nektarwert	mittel
Pollenwert	gering

STECKBRIEF

Mehrjährige Rhizompflanze. Alle Blätter in grundständiger Rosette, 2–8 cm breit und 6–20 cm lang,
vorne breit, plötzlich in den geflügelten Blattstiel
verschmälert, oberseits dunkelgrün, runzlig, unterseits hell, nur auf den Blattnerven behaart. In
Deutschland geschützt.

BLÜTEN

Blüten vom Stieltellertyp, duften intensiv, zahlreich
in endständiger, leicht einseitswendiger Dolde auf
10–20 cm langem Schaft. Kronen dottergelb, um
1 cm breit, mit orangefarbenem Schlundfleck (wichtige Orientierungshilfe für Blütenbesucher). Kronzipfel glockig zusammengeneigt, Kelch bauchig. Die
Blüten sind heterostyl: Neben langgrifflig-kurzfädi-
gen Formen gibt es kurzgrifflige mit langen Staubblattstielchen.

INSEKTENBONUS

Besucher sind meist Hummeln und gelegentlich
auch Schmetterlinge.

VORKOMMEN

Kalkmagerrasen, magere Bergwiesen, Waldränder,
Gebüsche. In Nordeuropa bis Mittelschweden, fehlt
im Mittelmeerraum weitgehend, in Deutschland
nördlich der Mittelgebirge ziemlich selten, sonst verbreitet.

TIPP FÜR DEN GARTEN

Empfehlenswert für extensiv genutzte Gartenrasen
und Frühstaudenbeete. Pflanzgut nicht aus der
Natur entnehmen.

BESENHEIDE, HEIDEKRAUT

CALLUNA VULGARIS
Heidekrautgewächse Ericaceae

Blütezeit	August–September
Tracht	Spätsommertracht
Nektarwert	hoch
Pollenwert	hoch

STECKBRIEF

Immergrüner, dichtästiger Zwergstrauch mit liegenden, aufsteigenden oder aufrechten Zweigen, 0,2–0,5 m hoch. Junge Zweige 4-kantig. Blätter an den kurzen Seitenzweigen in 4 geraden Längszeilen, 1–3 mm lang und um 1 mm breit, decken sich dachziegelartig, umfassen an der Basis den Stängel mit 2 zipfligen Öhrchen, im Sommer dunkelgrün, im Winter bronzefarben braunrötlich.

BLÜTEN

Blüten 4-zählig, nickend, hängend, etwa 4 mm lang, mit rosafarbenen oder hellpurpurnen (selten auch weißen), kurzen Kron- und ungefähr gleichfarbenen, deutlich längeren, etwas strohigen Kelchblättern, in endständigen, einseitswendigen, 5–15 cm langen Trauben.

INSEKTENBONUS

Besonders ergiebige Tracht für Bienen (Honigertrag bis 30 kg/ha). Die Blätter sind Nahrung für die Raupen vieler Schmetterlingsarten.

VORKOMMEN

Lichte Kiefern- und Eichenwälder, Heiden, Heidemoore, Magerwiesen, Braundünen, gerne auf nährstoffarmen, sauren, meist etwas sandigen Böden. Zeigt Bodenarmut an. Von Nordnorwegen bis nach Kleinasien, fehlt allerdings in größeren Gebieten der Mittelmeerregion, in den Alpen bis 2600 m.

TIPP FÜR DEN GARTEN

Wird in zahlreichen Sorten vom Gartenfachhandel für Heidegärten angeboten. Die Vermehrung gelingt durch Stecklinge und durch Aussaat.

SCHNEE-HEIDE

ERICA CARNEA
Heidekrautgewächse Ericaceae

Blütezeit	März–April
Tracht	Sommertracht
Nektarwert	sehr hoch
Pollenwert	mittel

STECKBRIEF
Immergrüner, reichästiger, kriechender Zwerg-strauch, 0,25 m hoch. Zweige dünn und biegsam, kahl, 4-kantig und etwas längsfurchig. Blätter zu 3–4 in Wirteln, linealisch, bis 1 cm lang und 1 mm breit, spitz, aber nicht stechend, im Sommer dunkel-grün, im Winter eher schmutzig grün bis braunrot.

BLÜTEN
Blüten fleischfarben rosa, selten reinweiß, leicht abwärts geneigt, zahlreich in endständigen, einseits-wendigen Trauben, mit kurzem Kelch und röhren-förmiger, nach vorne verengter Krone. Staubblätter 8, dunkelpurpurn, hängen aus der Kronenöffnung weit heraus, zur Pollenabgabe mit einem Schlitz an der Spitze.

INSEKTENBONUS
Als früh blühende Art ist sie gerade im Bergland eine wichtige Nahrungspflanze von Bienen und anderen Blüten besuchenden Insekten.

VORKOMMEN
Sonnige Latschengebüsche, Saum lichter Nadelwäl-der, Felshänge, Flussauen, meist auf kalkreichen Böden. Südliches Europa von Mazedonien bis Spa-nien, ferner Alpenvorland, selten im Fichtelgebirge, in den Alpen bis 2400 m. Vielfach in Sorten in Gär-ten, auf Friedhöfen und in Parks.

TIPP FÜR DEN GARTEN
Für den Heidegarten empfehlenswert. Vergleichbar ist die Graue Heide *(Erica cinerea)* aus Westeuropa. Kultur sehr einfach.

Heidelbeere

VACCINIUM MYRTILLUS
Heidekrautgewächse Ericaceae

Blütezeit	Mai–Juli
Tracht	Früh- bis Hochsommertracht
Nektarwert	hoch
Pollenwert	mittel

STECKBRIEF

Sommergrüner, reich verzweigter, dichtblättriger Zwergstrauch, bis 50 cm hoch. Äste nur an der Basis stärker verholzt. Zweige fest, biegsam, kantig, grün. Blätter wechselständig, kurz gestielt, 2–3 cm lang und etwa 1 cm breit, länglich oval, zugespitzt, fein gesägt, matt hellgrün, im Herbst oft prächtig gold- gelb bis karminrot. Beere saftig, blauschwarz, heller bereift, essbar.

BLÜTEN

Blüten 4- oder 5-zählig, zu 1–2 in den Blattachseln an den Zweigenden. Krone krugförmig-glockig, grünlich weiß oder kräftiger rot angehaucht.

INSEKTENBONUS

Die Blüten sind sehr nektarreich. Bienen klammern sich an den zurückgeschlagenen Zipfeln der glocki- gen Kronen fest. Die saftigen Beeren sind für Vögel (Häher, Rebhuhn, Auerhuhn, Tauben, Drosseln) sowie für Säugetiere (Mäuse, Dachs, Fuchs) eine wichtige Zusatznahrung.

VORKOMMEN

Lichte Nadelwälder, Heiden, Moore. Mittel- und Nordeuropa, im Süden nur in den Gebirgen, ferner arktische Tundren, auch in Nordamerika und Ost- asien.

TIPP FÜR DEN GARTEN

Für Wildpflanzengärten (auch Heidegärten) sehr zu empfehlen. Kultur einfach. Die vegetative Vermeh- rung erfolgt über unterirdische Ausläufer.

ECHTES LABKRAUT

GALIUM VERUM
Rötegewächse Rubiaceae

Blütezeit	Mai–September
Tracht	Sommertracht
Nektarwert	hoch
Pollenwert	mittel

STECKBRIEF

Mehrjährige Pflanze mit unter- und überirdischen Ausläufern. Stängel aufrecht, fest, stumpfkantig, ästig, 15–70 cm hoch. Blätter zu 8–12 im Wirtel, bis 2 mm breit und 2,5 cm lang, linealisch. Mit rückwärts gerichteten Ästen und Zweigen mitunter auch erfolgreicher Spreizklimmer.

BLÜTEN

Blüten sehr zahlreich in endständigen Rispen, zitronengelb, Kronen um 3 mm breit, duften sehr angenehm.

INSEKTENBONUS

Auf Magerstandorten mit ihrem ausgeprägten Blütenreichtum eine wichtige Nahrungspflanze vor allem für Wildbienen. Bestäubung erfolgt oft auch durch Fliegen. Die Blätter sind die Hauptfutterpflanze der Raupen des Kleinen Weinschwärmers.

VORKOMMEN

Trocken- und Magerrasen, Wegränder, Gebüsche, Dünen, gerne auf kalkhaltigem Untergrund. Fast überall in Europa verbreitet, in Deutschland gebietsweise zerstreut, sonst häufig.

TIPP FÜR DEN GARTEN

Kann leicht im Garten angesiedelt werden. Empfehlenswerte, weil besonders dekorative Art. Saatgut kann man problemlos am Originalstandort entnehmen.

Waldmeister

GALIUM ODORATUM
Rötegewächse Rubiaceae

Blütezeit	April–Mai
Tracht	Frühjahrstracht
Nektarwert	mittel
Pollenwert	mittel

Steckbrief

Mehrjährige, wintergrüne Pflanze mit unterirdischen Ausläufern und langem, kriechendem Rhizom, 10–30 cm hoch. Stängel aufrecht oder aufsteigend, dünn, glatt, 4-kantig. Blätter 1-nervig, bis 1 cm breit und 4 cm lang, fein gezähnt. Alle Teile duften beim Welken intensiv nach Cumarin (= typisches Waldmeisteraroma). Früchte mit Hakenhaaren.

Blüten

Kleine, trichterförmige Blüten zahlreich in endständigen Scheindolden. Krone weiß, trichterförmig, bis 5 mm breit.

Insektenbonus

Die Bestäubung erfolgt überwiegend durch Fliegen, fallweise auch durch kleine Wildbienen.

Vorkommen

Krautreiche, schattige Laub- und Mischwälder, gerne auf basenreichen Lehmböden. In Mittel- und Westeuropa weit verbreitet.

Tipp für den Garten

Als bodendeckender Unterwuchs in Staudenbeeten und unter Gartensträuchern auch für halbschattige bis schattige Wuchsplätze sehr zu empfehlen. Kultur durch reiche Selbstaussaat sehr einfach. Verbreitet sich sehr rasch und erfolgreich. Startpflanzen als Containerware aus dem Gartenfachhandel.

GROSSES IMMERGRÜN

VINCA MAJOR
Immergrüngewächse Apocynaceae

Blütezeit	März–Mai, gelegentlich auch Zweitblüte ab Sept.
Tracht	Frühjahrstracht
Nektarwert	mittel
Pollenwert	gering

STECKBRIEF

Immergrüner Halbstrauch mit kriechenden, an den Knoten wurzelnden Sprossen und aufsteigenden oder herabgebogenen Zweigen, bis 1 m lang. Nur die blütentragenden Teile aufrecht und bis 30 cm hoch. Blätter gegenständig, lederig, lanzettlich, bis 9 cm lang, zum Zweigende hin größer, an der Basis schwach herzförmig, am Rand, bewimpert. Giftig.

BLÜTEN

Blüten bis 5 cm breit, hellblau bis blauviolett oder blasslila, mit kurzer Röhre und breiten, mühlradartigen, asymmetrischen Zipfeln.

INSEKTENBONUS

Bestäuber sind Bienen, Hummeln, Wollschweber und Schmetterlinge. In ihrer mediterranen Heimat Futterpflanze der Raupen des Oleanderschwärmers.

VORKOMMEN

Westliches Mittelmeergebiet, Südalpen. Nicht selten angepflanzt, erträgt keine strengen Nachtfröste, erneuert sich jedoch meist.

TIPP FÜR DEN GARTEN

Dekorativer Bodendecker für (halb)schattige Stellen im Garten. Ähnlich zu bewerten und ebenfalls empfehlenswert ist das aus Südeuropa stammende, seit der Römerzeit eingebürgerte Kleine Immergrün *(Vinca minor)*.

Gewöhnliche Ochsenzunge

Anchusa officinalis
Raublattgewächse Boraginaceae

Blütezeit	Mai–August
Tracht	Sommertracht
Nektarwert	hoch
Pollenwert	mittel

Steckbrief

Zwei- oder mehrjährige Pflanze, 30–80 cm hoch. Stängel verzweigt, ebenso wie die länglich lanzettlichen Blätter mit weichen, abstehenden Haaren. Obere Stängelblätter sitzend mit abgerundetem Blattgrund. Grundblätter zur Blütezeit meist vertrocknet.

Blüten

Stieltellerartige Blüten mit gerader Kronröhre, bis 1,5 cm breit, zahlreich in rispigem Blütenstand, dieser zunächst eingerollt (= Wickel). Krone beim Aufblühen karminrot, später zunehmend blauviolett, mit grellweißem Farbmal am Kronröhreneingang.

Insektenbonus

Trachtpflanze für Honig- und Wildbienen, ferner Schwebfliegen und Schmetterlinge.

Vorkommen

Mäßig trockene, sandige Schuttstellen, Wegränder, Äcker, Trockenrasen, Dämme. Fast überall in Europa. Fehlt im Gebirge.

Tipp für den Garten

Empfehlenswerte, dekorative Art zur Bereicherung von Sommerstaudenbeeten an sonnigen Stellen. Anzucht aus Samen aus Wildpflanzengärtnereien (Internet). Ebenfalls zu empfehlen ist die besonders reichblütige Italienische Ochsenzunge *(Anchusa azurea)*. Pflanzgut bieten die meisten Staudengärtnereien an.

BORETSCH, GURKENKRAUT

BORAGO OFFICINALIS
Raublattgewächse Boraginaceae

Blütezeit	Juni–September
Tracht	Sommertracht
Nektarwert	sehr hoch
Pollenwert	mittel

STECKBRIEF

Einjährige Pflanze mit Grundrosette aus ovalen bis lanzettlichen Blättern, die beim Zerreiben gurken-ähnlich duften. Blattspreite läuft in die geflügelten Blattstiele aus. Stängel aufrecht, ästig verzweigt, 20–70 cm hoch. Alle Teile ziemlich borstig-rauhaarig.

BLÜTEN

Flach ausgebreitete, sternförmige Scheibenblüten bzw. Stieltellerblüten. Kronen mit kurzer Röhre, 2–3 cm breit, beim Aufblühen zunächst rosa, dann leuchtend blau, seltener auch weiß. Staubblätter bilden einen zentralen, gemeinsamen Streukegel. Die für unsere Augen einheitlich blau erscheinende Krone zeigt im UV-Licht Strichfarbmale und im Zentrum einen dunklen Ring.

INSEKTENBONUS

Wichtige und ergiebige Bienenweide. Hauptsächlicher Blütenbesuch am frühen Nachmittag. Die Teilfrüchte (Klausen) tragen ein nahrhaftes Anhängsel und werden gerne von Ameisen verschleppt.

VORKOMMEN

Stammt aus dem Mittelmeergebiet. Als Würz- und Heilpflanze oft in Gartenkultur. Nördlich der Alpen aber nur unbeständig verwildert auf sommerwarmen Schuttstellen und am Rand von Weinbergen.

TIPP FÜR DEN GARTEN

Ausgesprochen dekoratives Element für jedes Gartenbeet – und nicht nur im Kräutergarten. Den Artnamen schreibt man fallweise auch Borretsch.

NATTERNKOPF

ECHIUM VULGARE
Raublattgewächse Boraginaceae

Blütezeit	Juni–September
Tracht	Hochsommertracht
Nektarwert	hoch
Pollenwert	mittel

STECKBRIEF

Zweijährige, 60–90 cm hohe Pflanze mit kräftigem, aufrechtem Stängel, an allen oberirdischen Teilen starr borstig behaart. Tiefwurzler. Blätter wechselständig, länglich lanzettlich. Leicht giftig.

BLÜTEN

Als Rachenblume konstruierte Blüten mit weit herausragenden Staubblättern und Narben, überaus zahlreich in lockerem, beblättertem, rispigem Gesamtblütenstand. Kronen trichterig 2-lippig, 1–2 cm lang, im Aufblühen rot, später blau, selten auch weiß. Anfangs ragen nur die Staubblätter aus der Krone, wenige Tage später auch der 2-spaltige Griffel. In diesem Zustand erinnert die Blüte an einen Schlangenkopf (Name!).

INSEKTENBONUS

Wichtige Bienenpflanze. Honigbienen lernen rasch, dass nur die frisch aufgeblühten, rötlichen Blüten besonders nektarreich sind. Häufige Besucher sind auch mehrere Dutzend Schmetterlingsarten.

VORKOMMEN

Sonnige, steinige bis extrem flachgründige Böschungen, Bahndämme, Mauern, Trockenrasen, Steinbrüche, Schotter- und Felsfluren, Brachen sowie Wegränder. Typische Steinbruch- und Kiesgrubenpflanze. In Europa weit verbreitet, nur gebietsweise seltener.

TIPP FÜR DEN GARTEN

Empfehlenswerte und interessante Art für Steingärten oder Trockenmauern.

Wald-Vergissmeinnicht

Myosotis sylvatica
Raublattgewächse Boraginaceae

Blütezeit	Juni–September
Tracht	Sommertracht
Nektarwert	mittel
Pollenwert	gering

Steckbrief

Ein- oder mehrjährige, meist reichästige Pflanze mit ausgebreiteten oder aufrechten Stängeln, 15–45 cm hoch. Blätter wechselständig, Rosettenblätter gestielt, Stängelblätter sitzend, kurz behaart.

Blüten

Blüten vom Stieltelleraufbau zu mehreren in aufrechten Scheinrispen. Kronen anfangs rötlich violett, später himmelblau. Kronröhreneingang mit kräftig orangegelbem Farbmal: Die gelben Schlundschuppen sind eine wichtige Orientierungshilfe für anfliegende Bestäuber. Kelchblätter mit 1 mm langen, abstehenden Haaren.

Insektenbonus

Kleine, aber für Honig- und Wildbienen sowie Schwebfliegen dennoch interessante Trachtpflanze.

Vorkommen

Waldränder, Krautsäume, Bergwiesen, Staudenfluren. In Europa weit verbreitet, in Mitteleuropa vor allem im südlichen Teil häufig. Häufig als Zierpflanze in Gärten. An dieser Art entdeckte der bedeutende Blütenbiologe Christian Konrad Sprengel (1750–1816) das Prinzip der Besucherlenkung durch kontrastierende Kronenausfärbung.

Tipp für den Garten

Als Beetrandpflanze zur Artenanreicherung im Garten empfehlenswert. Versamt sich sehr leicht.

ECHTES LUNGENKRAUT

PULMONARIA OFFICINALIS
Raublattgewächse Boraginaceae

Blütezeit	März–Mai
Tracht	Frühjahrstracht
Nektarwert	mittel
Pollenwert	mittel

STECKBRIEF

Formenreiche, mehrjährige Rhizompflanze mit auf-rechtem, 15–30 cm hohem Stängel. Grundblätter lang gestielt, oval-herzförmig, an der Basis plötzlich verschmälert. Stängelblätter sitzend, meist mit hel-leren Punkten, borstig behaart, bei manchen Klein-arten auch einheitlich hell graugrün oder samtweich behaart.

BLÜTEN

Stieltellerartig aufgebaute Blüten zu mehreren in Wickeln. Kronen anfangs für etwa 1 Woche rötlich, nach etwa 3–4 Tagen erfolgt ein Farbwechsel nach Violettblau. Kronröhren etwa 1 cm lang. Die Blüten sind verschiedengriffelig (heterostyl, vgl. Anmerkun-gen bei *Primula*, S. 154).

INSEKTENBONUS

Wildbienen der Gattung *Anthophora* bevorzugen die etwas nektarreicheren rötlichen Blüten. Später kommen auch Schwebfliegen und Tagfalter. Die Teil-früchte tragen ein nahrhaftes Anhängsel (Elaiosom) und werden von Ameisen verschleppt.

VORKOMMEN

Krautreiche Laub- und Laubmischwälder, Gebüsche, Auen. Fast überall in Europa verbreitet, in Mitteleu-ropa allerdings stellenweise selten. Das Lungenkraut umfasst mehrere Kleinarten. Ihre genauere Abgren-zung ist schwierig.

TIPP FÜR DEN GARTEN

Ausgesprochen empfehlenswerte und dekorative Art zur Bereicherung des Staudengartens. Pflanzgut bieten die meisten Gartencenter an. Kultur einfach.

Beinwell

SYMPHYTUM OFFICINALE
Raublattgewächse Boraginaceae

Blütezeit	Mai–September
Tracht	Sommertracht
Nektarwert	mittel
Pollenwert	gering

STECKBRIEF

Mehrjährige, 40–100 cm hohe Rhizompflanze mit aufrechtem, kantigem Stängel. Blätter schmal lanzettlich, die unteren bis 5 cm breit und 25 cm lang, die oberen kleiner und mit der Basis am Stängel herablaufend. Gilt als leicht giftig.

BLÜTEN

Glockige Blüten mit engem, durch Schlundschuppen versperrtem Kronröhreneingang in Scheindolden (Wickeln). Kronen cremeweiß, rötlich oder bläulich, manchmal himmelblau bis tiefviolett.

INSEKTENBONUS

Planmäßige Bestäuber sind Honigbienen und größere Wildbienen neben Hummeln. Kurzrüsselige Erdhummeln beißen die Kronen seitlich an und begehen Nektardiebstahl unter Umgehung der üblichen Bestäubungsroute. Die Krallenspuren erfolgreicher Blütenbesucher erkennt man an rostbraunen Verfärbungen der Kronen.

VORKOMMEN

Nasswiesen, Bruchwälder, Ufer, Gräben, Wegränder, gerne auf wechselnassen, nährstoff- bzw. basenreichen Böden. Fast überall in Europa verbreitet. Im Gebirge bis etwa 1000 m.

TIPP FÜR DEN GARTEN

Beinwell wird in Sorten vom Gartenfachhandel angeboten und ist eine empfehlenswerte Bereicherung für den Wildpflanzengarten.

RAINFARN-PHACELIE, BÜSCHELSCHÖN, BIENENFREUND

PHACELIA TANACETIFOLIA
Raublattgewächse Boraginaceae

Blütezeit	Mai–September
Tracht	Sommertracht
Nektarwert	sehr hoch
Pollenwert	hoch

STECKBRIEF

Einjährige, bis 70 cm hohe Pflanze. Stängel aufrecht, mit langen, abstehenden, borstigen sowie kurzen, flaumigen Haaren. Blätter nicht weißhaarig, fiederteilig bis fiederschnittig, erinnern im Blattschnitt an den heimischen Rainfarn. Die Pflanze kann schwere Kontaktallergien auslösen.

BLÜTEN

Leicht glockenförmige Blüten zahlreich in zunächst schneckenförmig aufgerollten Teilblütenständen (= Wickel). Kronblätter verwachsen. Staubblätter überragen die violettblaue Krone weit. Pollen ausnahmsweise blau.

INSEKTENBONUS

Interessante Bienenweide. Auch Hummeln, Schwebfliegen und viele Schmetterlingsarten finden hier ein zusagendes Nahrungsangebot.

VORKOMMEN

Ursprünglich im Südosten der USA (Kalifornien, Arizona, New Mexiko) sowie Mexiko, besiedelt dort steinige, besonnte und trockene Hänge bis in 2000 m Höhe. In Europa als Bienenweide oder als Zwischenfrucht zur Gründüngung feldweise angebaut.

TIPP FÜR DEN GARTEN

Interessante Art für den Sommerblumengarten, erfordert jedoch jährliche Neueinsaat. Daneben sind weitere gartentaugliche Arten wie Großblütiges Büschelschön *(Phacelia grandiflora)* und Glockiges Büschelschön *(Ph. campanularia)* von Interesse.

168

ACKERWINDE

CONVOLVULUS ARVENSIS
Windengewächse Convolvulaceae

Blütezeit	Juni–September
Tracht	Sommertracht
Nektarwert	mittel
Pollenwert	mittel

STECKBRIEF

Mehrjähriger Rhizom-Geophyt. Tief wurzelnde Kletterpflanze mit 20–100 cm langem, verzweigtem, meist kriechendem und links windendem Stängel. Blätter wechselständig, pfeil- bis spießförmig

BLÜTEN

Trichterförmige Blüten einzeln gestielt in den Blattachseln. Kronen 2,5–4 cm breit, weiß mit rosa Streifen, sind nur 1 Tag lang geöffnet, meist am Morgen von 7–8 h und am frühen Nachmittag zwischen 13–14 h, bleiben bei regnerischem Wetter geschlossen. Vorblätter unter dem Kelch klein. Nektardrüsen an der Basis des Fruchtknotens.

INSEKTENBONUS

Planmäßige Besucher und Bestäuber sind Spitalhornbienen der Gattung *Systropha*, die auf Winden-Blüten spezialisiert sind.

VORKOMMEN

Nährstoffreiche Äcker, Weinberge, Abfallstellen, Zäune, Gärten, gerne auf nährstoffreichen Lehmböden. Kulturbegleiter seit der Jungsteinzeit (Archäophyt). Heute weltweit verschleppt und als Unkraut sehr gefürchtet. Fast überall in Europa, nördlich der Alpen außerhalb der Gebirge ziemlich häufig.

TIPP FÜR DEN GARTEN

Weil recht vermehrungsfreudig und mitunter geradezu invasiv, ist die Gartenkultur trotz des unstrittigen dekorativen Werts nicht unbedingt und nur mit strikter Kontrolle empfehlenswert.

GEWÖHNLICHER LIGUSTER, RAINWEIDE

LIGUSTRUM VULGARE
Ölbaumgewächse Oleaceae

Blütezeit	Juni–Juli
Tracht	Hochsommertracht
Nektarwert	mittel
Pollenwert	mittel

STECKBRIEF

Sommer- und teils wintergrüner Strauch, bis 3(5–7) m hoch. Zweige rutenförmig, dünn, biegsam. Blätter gegenständig, kurz gestielt, etwas lederig, glattrandig, oberseits dunkelgrün, unterseits heller, mit kräftiger Mittelrippe. Steinfrüchte glänzend schwarz, ungenießbar und giftverdächtig.

BLÜTEN

Kleine, trichterförmige Blüten 4-zählig, zahlreich in lockerer, kegelförmiger, bis 8 cm langer, aufrechter Rispe an den Zweigenden, angenehm duftend. Kronzipfel länger als Kronröhre, weiß. Der Nektar wird an der Basis der engen Kronröhre abgeschieden.

INSEKTENBONUS

Planmäßige Besucher und Bestäuber sind Bienen, Schwebfliegen und Schmetterlinge.

VORKOMMEN

Flurhecken, Feldgehölze, Waldsäume, Ufer, Auengebüsche, Mauern, Ruinen. In Europa weit verbreitet, ferner in Nordafrika und Westasien, in Mitteleuropa vor allem im mittleren und südlichen Teil. Häufig (auch in Sorten) angepflanzt und vielfach verwildert.

TIPP FÜR DEN GARTEN

Besonders geeignet für Windschutzhecken. Erträgt Schatten. Ökologisch wertvolles Nist-, Deckungs- und Nahrungsgehölz für Singvögel. Die schwarzen Beeren bleiben als Wintersteher lange am Strauch.

Gewöhnlicher Flieder

SYRINGA VULGARIS
Ölbaumgewächse Oleaceae

Blütezeit	April–Mai
Tracht	Frühjahrstracht
Nektarwert	mittel
Pollenwert	hoch

STECKBRIEF

Sommergrüner Großstrauch oder kleiner Baum mit Ausläufern, 2–6 m hoch. Triebe kahl. Zweige rundlich. Blätter gegenständig, 1–3 cm lang gestielt, breit oval, 5–12 cm lang und bis 6 cm breit, lang zugespitzt, am Grund herzförmig, glattrandig.

BLÜTEN

Blüten vom Stieltellertyp 4-zählig, in dichten, endständigen Rispen, duften stark. Krone trichterförmig, mit enger Röhre und 4 freien Zipfeln, bei der Wildform dunkellila, bei Kultursorten blau, violett, rötlich oder weiß.

INSEKTENBONUS

Der in der engen Kronröhre eingeschlossene Nektar ist nur Schmetterlingen und Holzbienen zugänglich, nicht jedoch den Honigbienen. Schwebfliegen beuten vor allem das Pollenangebot aus.

VORKOMMEN

Lichte Wälder, Gebüsche. Stammt aus Südosteuropa und Vorderasien. Häufig in zahlreichen Gartensorten angepflanzt, vielfach auf Steinschuttböden an Felshängen oder Bahndämmen verwildert und eingebürgert. In Mitteleuropa seit 1560 bekannt.

TIPP FÜR DEN GARTEN

Möglichst nur Sorten mit ungefüllten Blüten wählen – die gefüllten sind für Insekten völlig unzugänglich und daher wertlos.

Roter Fingerhut

DIGITALIS PURPUREA
Wegerichgewächse Plantaginaceae

Blütezeit	Juni–August
Tracht	Hochsommertracht
Nektarwert	hoch
Pollenwert	mittel

STECKBRIEF

Zweijährige, bis 150 cm hohe Pflanze mit kräftigem, aufrechtem, graufilzig behaartem Stängel, meist unverzweigt. Rosettenblätter 20–30 cm lang, gestielt, lanzettlich, oberseits flaumig behaart, Stängelblätter meist sitzend, runzlig.

BLÜTEN

Blüten in schlanker, von der Hauptlichtrichtung induzierter, einseitswendiger Traube. Kronen bis 5 cm lang, purpurrot, seltener auch rosa oder weiß, außen kahl, innen mit langen Haaren und zahlreichen dunklen, weißlich umrandeten Flecken (Staubblattattrappen).

INSEKTENBONUS

Anflug vor allem durch Hummeln. Sie besuchen zuerst die unteren Blüten (im weiblichen Stadium) und arbeiten sich dann langsam hoch zu den oberen im männlichen Zustand.

VORKOMMEN

Kahlschläge, Waldränder, Lichtungen und Gebüsche auf frischen, nährstoffreichen Böden, meidet Kalkböden. West- und Südeuropa, in Deutschland vor allem im Mittelgebirge, fehlt in den Alpen.

TIPP FÜR DEN GARTEN

Eine der attraktivsten heimischen Wildpflanzen, die in jeden Garten gehört. Versamt sich sehr erfolgreich. Die Gefahr durch Vergiftung wird oft überschätzt: Alle Teile schmecken extrem bitter, sodass auch Kinder kaum eine kritische Menge verschlucken.

Gewöhnliches Leinkraut, Frauenflachs

LINARIA VULGARIS
Wegerichgewächse Plantaginaceae

Blütezeit	Juni–September
Tracht	Sommertracht
Nektarwert	mittel
Pollenwert	gering

STECKBRIEF

Mehrjährige Pflanze mit steifen, aufrechten, verzweigten, kahlen Stängeln, 20–60 cm hoch. Blätter überwiegend wechselständig, bis 1–5 mm breit und 2–8 cm lang, linealisch, vorne spitz, oberseits graugrün und kurz behaart, sehr dicht sitzend.

BLÜTEN

Blüten (= verschlossene Maskenblume) gestielt, zahlreich in dichter, endständiger, meist deutlich einseitswendiger Traube. Krone 2–3,5 cm lang, hellgelb, mit langem, geradem Sporn und orangegelbem Fleck.

INSEKTENBONUS

Nur kräftige Hummeln und größere Bienen können die mit einem Farbmal ausgestattete Unterlippe der Blüte anheben («Kraftblume») und mit dem Saugrüssel zum Nektar in den langen Blütenspornen vordringen. Manche Schmetterlinge erreichen den Nektar dank ihres sehr dünnen Rüssels. Kurzrüsselige Hautflügler begehen durch Anbeißen der Sporne Nektardiebstahl.

VORKOMMEN

Trockene, sonnige, sandige und steinige Böden, Bahndämme, Schotterfluren, Steinbrüche, Brachen, Abfallstellen. In Europa weit verbreitet, fast überall häufig.

TIPP FÜR DEN GARTEN

Für Steingärten oder den Saum von Gartenwegen vorbehaltlos empfehlenswerte Art.

MITTLERER WEGERICH

PLANTAGO MEDIA
Wegerichgewächse Plantaginaceae

Blütezeit	Mai–September
Tracht	Sommer- und Frühherbsttracht
Nektarwert	kein
Pollenwert	hoch

STECKBRIEF

Mehrjährige, 15–40 cm hohe Pflanze. Alle Blätter kurz gestielt, locker behaart und in grundständiger Rosette, Spreite länglich oval, an der Basis keilförmig.

BLÜTEN

Pinselartige Blüten weißlich mit hellpurpurnen Staubblättern, sehr zahlreich in 2–6 cm langer, dichter, walzenförmiger Ähre. Duften angenehm. Verschiedengriffelig (heterostyl). Die Attraktivität des Blütenstandes geht im Wesentlichen von den auffällig ausgefärbten Staubblattstielen aus.

INSEKTENBONUS

Ergiebige Pollentracht für Urmotten, Bienen, Hummeln, Käfer. Als einzige der heimischen Wegerich-Arten ist diese Spezies auf Insektenbesuch eingerichtet. Die übrigen Arten sind alle windblütig.

VORKOMMEN

Magerwiesen, Halbtrockenrasen, gerne auf basenreichen, meist kalkhaltigen Böden. In Europa weit verbreitet, in Mitteleuropa jedoch stellenweise eher selten.

TIPP FÜR DEN GARTEN

Kann bei entsprechenden Bodenverhältnissen im extensiv genutzten Zierrasen oder an Gartenwegrändern durch Aussaat angesiedelt werden. Auch für Steingärten geeignet.

SOMMERFLIEDER, SCHMETTERLINGSFLIEDER

BUDDLEJA DAVIDII
Braunwurzgewächse Scrophulariaceae

Blütezeit	Juli–September
Tracht	Hoch- und Spätsommertracht
Nektarwert	mittel
Pollenwert	mittel

STECKBRIEF

Sommergrüner, mittelgroßer, dichter und buschiger Strauch mit aufrechten Ästen und Zweigen, bis 4 m hoch. Blätter gegenständig, gestielt, 6–25 cm lang und 2–7 cm breit, elliptisch bis lanzettlich, spitz, oberseits matt dunkelgrün, unterseits weißfilzig.

BLÜTEN

Stieltellerförmige Blüten 4-zählig, mit etwa 1 cm langer Kronröhre und ausgebreiteten Kronzipfeln, zahlreich in endständigen, aufrechten, ährenartigen, 10–30 cm langen Rispen. Krone mit enger Kronröhre, im Bereich des Röhreneingangs kräftig gelb, sonst bei der Wildform blaulila, bei den Gartenformen sortenabhängig blauviolett oder rötlich, seltener auch reinweiß.

INSEKTENBONUS

Die engröhrigen, stark und angenehm duftenden Blüten werden vor allem von Tagfaltern (Admiral, Tagpfauenauge, Kleiner Fuchs, Distelfalter) besucht. Bietet insofern wunderbare Möglichkeiten der Falterbeobachtung.

VORKOMMEN

Lockere Auengehölze und lichte, offene Felsgebüsche auf trockenem Boden. Ursprünglich in Ostasien (China und Japan), in zahlreichen Gartensorten häufig angepflanzt, auf Schuttstellen, Trümmergelände, Brachen und entlang von Bahnanlagen verwildert.

TIPP FÜR DEN GARTEN

Kann in strengeren Wintern stark zurückfrieren, treibt aber nach Rückschnitt meist wieder aus. Gilt mancherorts als Problempflanze. Unerwünschte Versamung lässt sich durch rechtzeitiges Abschneiden der abgeblühten Teile vermeiden.

GROSSBLÜTIGE KÖNIGSKERZE, WOLLBLUME

VERBASCUM DENSIFLORUM
Braunwurzgewächse Scrophulariaceae

Blütezeit	Juli–September
Tracht	Sommertracht
Nektarwert	gering
Pollenwert	hoch

STECKBRIEF

Zweijährige, meist stattliche Pflanze, bis über 150 cm hoch. Stängel kräftig, aufrecht, nicht selten verzweigt, dicht wollig behaart. Stängelblätter länglich oval, vorne spitz, gekerbt, herablaufend, wodurch der Stängel geflügelt aussieht.

BLÜTEN

Ausgebreitet scheibenförmige und nektarlose Blüten gestielt, 2–4 cm breit, zahlreich in langer, ährenartiger Traube, duften leicht unangenehm. Kronen hell- bis goldgelb. Staubblätter ungleich: die 3 oberen dicht weißwollig, die beiden unteren kahl.

INSEKTENBONUS

Hautflügler fliegen die Blütenstände stets zuerst im unteren Bereich an und arbeiten sich langsam hoch. Die dichte Behaarung der Staubblattstiele deutet man heute als Pollenattrappe.

VORKOMMEN

Brachen, Bahngelände, Schotterfluren, Steinbrüche, Waldlichtungen. Vor allem in Mitteleuropa verbreitet, nach Norden zerstreuter.

TIPP FÜR DEN GARTEN

Äußerst attraktive Pflanze, für den Wildpflanzengarten (neben anderen Arten der Gattung) vorbehaltlos empfehlenswert. Pflanzgut bieten Staudengärtnereien an. Ansonsten gelingt auch die Kultur durch Aussaat.

Kriechender Günsel

AJUGA REPTANS
Lippenblütengewächse Lamiaceae

Blütezeit	April–Juni
Tracht	Frühjahrstracht
Nektarwert	mittel
Pollenwert	gering

STECKBRIEF

Mehrjährige, 15–30 cm hohe Pflanze mit aufrechtem Stängel und langen, oberirdischen Ausläufern zur vegetativen Vermehrung. Grundblätter rosettig, spatelig, mit deutlich geflügeltem Blattstiel. Stängelblätter gegenständig, länglich oval, fast glattrandig, dunkelgrün.

BLÜTEN

Lippenförmige, zygomorphe Blüten zu 2–6 in den oberen Blattachseln in dichter, wickelartiger Scheinähre. Kronen blau, seltener rosa oder weiß, Oberlippe stark verkürzt und fast nicht erkennbar, Unterlippe ziemlich lang, 3-zipflig, mit auffälligen dunkleren Strichfarbmalen. Die Tragblätter der Blütengruppen sind an ihrer Basis meist blauviolett verfärbt und verstärken damit die optische Gesamtwirkung des Blütenstandes.

INSEKTENBONUS

Die Blüten werden vor allem von Bienen, Hummeln und Tagfaltern besucht. Die Teilfrüchte (Klausen) tragen ein nahrhaftes Anhängsel (Elaisom) und werden von Ameisen verschleppt.

VORKOMMEN

Feuchte Wiesen, Gebüsche, lichte Wälder, Säume, Wegränder, Gärten. Lehmzeiger. Im südlichen Nord- und in Mitteleuropa fast überall verbreitet bis häufig.

TIPP FÜR DEN GARTEN

Für Wildpflanzengärten sehr zu empfehlen, eignet sich beispielsweise bestens für die Randbereiche von Zierrasen. In Staudengärtnereien erhält man meist dunkellaubige Zierformen.

Bunter Hohlzahn

GALEOPSIS SPECIOSA
Lippenblütengewächse Lamiaceae

Blütezeit	Juni–Oktober
Tracht	Sommer- und Frühherbsttracht
Nektarwert	gering–mittel
Pollenwert	gering–mittel

STECKBRIEF

Einjährige, bis 100 cm hohe Pflanze mit aufrechtem, nur an den Knoten abstehend behaartem Stängel. Blätter gegenständig, gestielt, 2–3 cm breit und 3–12 cm lang, Spreite im Umriss länglich eiförmig, an der Basis keilförmig verschmälert, gesägt.

BLÜTEN

Lippenförmige, zygomorphe Blüten auffällig, zu mehreren dicht und quirlartig gehäuft in den Achseln der oberen Blätter. Kronen 2–3,5 cm lang, gelb, nur Mittellappen der 3-zipfligen Unterlippe violett gezeichnet oder einheitlich violett, Kelch mit borstigen Zipfeln. Der Gattungsname Hohlzahn bezieht sich auf 2 zahnartige Ausstülpungen an der Unterlippe.

INSEKTENBONUS

Die beiden hohlzahnartigen Höcker auf der Unterlippe dienen dazu, den Kopf der blütenbesuchenden Hautflügler zu führen und diese auf der Krone so zu lenken, dass sie die Staubblätter und die Narbe berühren.

VORKOMMEN

Frische, nährstoffreiche Lockerböden von Wäldern, Lichtungen und Kahlschlägen, ferner Gebüsche, Hecken, Säume, Äcker, Brachen, Schuttstellen. In Europa weit verbreitet, in Mitteleuropa nur im Nordwesten selten, sonst zerstreut.

TIPP FÜR DEN GARTEN

Alle Arten der Gattung, vor allem der häufige Stechende Hohlzahn *(Galeopsis tetrahit),* sind wegen ihres relativ späten Blühtermins für den Wildpflanzengarten zu empfehlen.

GUNDERMANN, GUNDELREBE

GELCHOMA HEDERACEA
Lippenblütengewächse Lamiaceae

Blütezeit	April–Juni
Tracht	Frühsommertracht
Nektarwert	mittel
Pollenwert	gering

STECKBRIEF

Mehrjährige, flach wurzelnde Rhizompflanze mit kriechenden, 30–80 cm langen, an den Knoten wurzelnden Stängeln, die sich nur in der Blütenregion bis etwa 20 cm hoch aufrichten. Blätter gegenständig, gestielt, im Umriss rundlich, 1–2 cm breit und ebenso lang, gekerbt, unterseits mit deutlich vortretenden Blattnerven, glänzend dunkelgrün, mitunter rötlich überlaufen. Duften beim Zerreiben streng aromatisch.

BLÜTEN

Lippenförmige, zygomorphe Blüten zu 1–3 einseitswendig in den Achseln der oberen Blätter. Kronen 1–2 cm lang, blau bis blauviolett, Oberlippe ziemlich kurz, Unterlippe dagegen relativ breit, 3-zipflig mit großem, geflecktem Mittelteil. Gelegentlich finden sich rein weibliche Blüten mit kurzer Kronröhre und Unterlippe.

INSEKTENBONUS

Häufige Blütenbesucher sind Bienen und Schwebfliegen. Die Teilfrüchte (Klausen) tragen ein nahrhaftes Anhängsel (Elaisom) und werden häufig von Ameisen verschleppt.

VORKOMMEN

Wiesen, Auenwälder, Gärten, Mauern, gerne auf stickstoffreichen Böden. In Europa überall ziemlich häufig.

TIPP FÜR DEN GARTEN

Die Art ist schattenverträglich. Sie eignet sich als Unterwuchs in Staudenbeeten ebenso wie für die Mauerbegrünung, ist allerdings sehr ausbreitungsfreudig.

Ysop

HYSSOPUS OFFICINALIS
Lippenblütengewächse Lamiaceae

Blütezeit	Juli–September
Tracht	Spätsommertracht
Nektarwert	mittel
Pollenwert	gering

STECKBRIEF

Teilweise immergrüner, ästiger Halbstrauch mit liegenden oder aufrechten Ästen und kantigen Zweigen, um 60 cm hoch. Alle Teile der Pflanze duften beim Abstreifen oder Zerreiben angenehm aromatisch. Blätter kreuzgegenständig, nur an Kurztrieben büschelig, sitzend, bis 5 cm lang, linealisch bis schmal lanzettlich, stechend zugespitzt.

BLÜTEN

Lippenförmige Blüten zahlreich in endständigen, ährenartigen, einseitswendigen Blütenständen aus mehreren Scheinquirlen. Kelch 5-zähnig mit langen Grannenspitzen. Krone kräftig blau, selten auch violett, rötlich oder reinweiß.

INSEKTENBONUS

Die auch in Mitteleuropa ausreichend winterfeste Art ist eine wertvolle Trachtpflanze für blütenbesuchende Insektenarten und zusätzlich bedeutsam als Würz- bzw. Arzneipflanze.

VORKOMMEN

Stammt aus dem Mittelmeergebiet, dort auf offenen, trockenen, steinigen Hängen. Seit Langem in Gartenkultur gehalten, durch Verwilderung vielerorts eingebürgert.

TIPP FÜR DEN GARTEN

Die zu Unrecht wenig bekannte bzw. geschätzte Art ist eine recht dekorative Erscheinung im Kräuter- und Ziergarten. Pflanzgut bieten die meisten Staudengärtnereien als Containerware an. Die Gartenkultur ist unproblematisch.

der Brennnessel, kurz behaart, erscheinen daher leicht graugrün, duften beim Abstreifen etwas unangenehm.

Blüten
Große, lippenförmige Blüten zu mehreren in Scheinquirlen in den oberen Blattachseln. Kronen cremebis reinweiß, 2–2,5 cm lang. Kronröhre aufgebogen, innen mit Haarring, Oberlippe stark helmförmig gewölbt. Die Blütenbesucher werden beim Einkriechen in die Krone zuerst von den Narben, dann von den 4 Staubblättern berührt. Der bemerkenswert zuckerreiche Nektar sammelt sich an der Basis der Kronröhre. Kurzrüsselige Hummeln beißen die bis zu 17 mm lange Kronröhre seitlich an. Danach gelangen auch Honigbienen zu den Nektarvorräten.

Insektenbonus
Die Blüten werden auch von verschiedenen Wildbienen angeflogen.

Vorkommen
Gebüsche, Hecken, Wegränder, Wiesen, Staudenfluren, Abfallstellen, Brachen, bevorzugt nährstoffreiche Lehmböden. Überall in Europa häufig.

Weisse Taubnessel

LAMIUM ALBUM
Lippenblütengewächse Lamiaceae

Blütezeit	April–Oktober
Tracht	Sommertracht
Nektarwert	hoch
Pollenwert	gering

Steckbrief
Mehrjährige, bis 50 cm hohe Pflanze mit aufrechtem, einfachem, 4-kantigem Stängel. Blätter gegenständig, gestielt, im Umriss oval, grob gezähnt wie bei

Tipp für den Garten
Auch für Schattenecken oder an Gebüschrändern empfehlenswerte Art. Ansiedlung durch Aussaat. Kultur einfach.

GEFLECKTE TAUBNESSEL

LAMIUM MACULATUM
Lippenblütengewächse Lamiaceae

Blütezeit	Mai–September
Tracht	Sommertracht
Nektarwert	mittel
Pollenwert	gering

STECKBRIEF

Formenreiche, mehrjährige und meist wintergrüne Pflanze mit Ausläufern, 15–50 cm hoch. Stängel aufrecht, 4-kantig, steif, kahl. Blätter gegenständig, lang gestielt, breit oval, zugespitzt, grob gezähnt.

BLÜTEN

Lippenförmige Blüten zu 2–8 in Scheinquirlen in den oberen Blattachseln, bilden hier 3–8 Etagen. Kronen 2–2,5 cm lang, tiefrosa bis purpurn. Kronröhre aufgebogen, Oberlippe helmförmig, Unterlippe 3-zipflig, mit auffälligem Fleckenmuster, Mittellappen meist tief ausgerandet.

INSEKTENBONUS

Die blütenökologischen Merkmale entsprechen der vorigen Art. Das Nektarangebot ist vormittags am höchsten. Die Teilfrüchte (Klausen) mit den Samen werden oft von Ameisen verschleppt, die gerne deren nahrhafte Anhängsel verzehren.

VORKOMMEN

Wälder, Gebüsche, Hecken, Zäune, Gärten, Böschungen, Ufer, auf stickstoffangereicherten, nährstoffhaltigen, meist frischen Böden. Fast überall in Europa häufig, im Bergland bis etwa 2000 m.

TIPP FÜR DEN GARTEN

Als Gartenpflanze vor allem für Wegsäume und Gebüschränder oder weniger intensiv bearbeitete Randbereiche geeignet. Ansiedlung am besten durch Aussaat.

Purpurrote Taubnessel

LAMIUM PURPUREUM
Lippenblütengewächse Lamiaceae

Blütezeit	April–August, mitunter bis Dezember
Tracht	Früh- bis Spätsommer- und Herbsttracht
Nektarwert	mittel
Pollenwert	gering

STECKBRIEF

Einjährige, 5–20 cm hohe Pflanze mit aufsteigenden oder aufrechten Stängeln. Blätter gegenständig, meist im oberen Stängeldrittel gehäuft, Spreite 1–1,5 cm breit und fast ebenso lang, runzlig, weichhaarig, riechen beim Abstreifen unangenehm. Die Pflanze benötigt von der Keimung bis zur Samenreifung nur wenige Wochen. Mithin sind in der Vegetationsperiode bis zu 4 Generationen möglich.

BLÜTEN

Kleine, zygomorphe Lippenblüten zu mehreren in Scheinquirlen. Kronen 1–1,5 cm lang, tiefrosa bis purpurn, Unterlippe dunkler gezeichnet. Die relativ kleinen Blüten bleiben mitunter geschlossen, sodass Selbstbestäubung erfolgen kann. Dieses Phänomen bezeichnet man als Kleistogamie.

INSEKTENBONUS

Wegen der Häufigkeit im Offenland und der bemerkenswert langen Blütezeit vor allem für viele Wildbienen eine interessante Tracht.

VORKOMMEN

Äcker, Gärten, Weinberge, Brachen. Fast überall in Europa ziemlich häufig. Heute weltweit verschleppt.

TIPP FÜR DEN GARTEN

Für extensiv genutzte und sonnige Gartenbereiche eine durchaus empfehlenswerte Art.

Goldnessel, Gelbe Taubnessel

Lamium galeobdolon
Lippenblütengewächse Lamiaceae

Blütezeit	Mai–September
Tracht	Sommertracht
Nektarwert	mittel
Pollenwert	gering

Steckbrief

Formenreiche, mehrjährige Pflanze mit 20–60 cm hohem, spärlich behaartem Stängel und oberirdischen Ausläufern. Blätter gegenständig, breit eiförmig bis lanzettlich, grob gezähnt oder gekerbt, oberseits mitunter hell gefleckt.

Blüten

Lippenblüten zu 6–10 als Scheinquirle in den oberen Blattachseln. Kronen 1,5–2,5 cm lang, goldgelb, Unterlippe im Unterschied zu den Taubnessel-Arten 3-zipflig, bräunlich gefleckt. Die Staubbeutel sind – ebenfalls ein Unterschied zu den übrigen *Lamium*-Arten – kahl.

Insektenbonus

Die im Vergleich zur Weißen und Gefleckten Taubnessel etwas kleineren Blüten sind auch für Honigbienen zugänglich. Die Teilfrüchte werden wegen ihrer Anhängsel meist durch Ameisen ausgebreitet.

Vorkommen

Laubwälder, Gebüsche, Säume, Hochstaudenfluren, gerne auf lockeren, tiefgründigen, humusreichen Böden. In Europa weit verbreitet und fast überall häufig.

Tipp für den Garten

In Staudengärtnereien wird meist die tetraploide, erst in Kultur entstandene und stark wuchernde Silberblättrige Goldnessel *(Lamium argentatum)* als bodendeckende Zierpflanze angeboten. Empfehlenswerter ist die beschriebene Wildform.

LAVENDEL

LAVANDULA ANGUSTIFOLIA
Lippenblütengewächse Lamiaceae

Blütezeit	Juni–September
Tracht	Sommertracht
Nektarwert	hoch
Pollenwert	gering

STECKBRIEF

Immergrüner, stark ästiger Halbstrauch mit aufsteigenden, ziemlich steifen, runden Ästen, die kantige, grüne Kurztriebe tragen, um 1 m hoch. Blätter gegenständig, schmal lanzettlich bis linealisch, bis 5 cm lang, an beiden Enden verschmälert, stumpf, nicht stechend, randlich leicht eingerollt, beidseitig durch Sternhaare graufilzig. Alle Teile der Pflanze duften beim Abstreifen angenehm aromatisch.

BLÜTEN

Lippenförmige, zygomorphe Blüten kurz gestielt, zahlreich in aufrechten, lang gestielten, ährenartigen Blütenständen mit unscheinbaren Tragblättern in mehreren Scheinquirlen. Kelch graufilzig bis bläulich. Krone lavendelblau; die Kronröhre überragt den Kelch nur wenig. Ober- und Unterlippe kaum unterschieden.

INSEKTENBONUS

Hauptsächliche Besucher sind Bienen, Hummeln, Schwebfliegen und Schmetterlinge (auch Nachtfalter).

VORKOMMEN

Westliches Mittelmeergebiet, von der Ebene bis 1700 m, dort auf sonnigen Trockenhängen auf steinigem, flachgründigem Boden, gerne auf Kalk. Häufig als Zierstrauch in Gärten. Der Kreuzungsbastard mit dem ähnlichen Breitblättrigen Lavendel *(Lavandula latifolia)*, Lavandin genannt, wird in Südfrankreich (Provence) zur Gewinnung von Lavendelöl angebaut und auch als Gartenpflanze angeboten.

TIPP FÜR DEN GARTEN

Empfehlenswerte Zierpflanze für den insektenfreundlichen Garten. Erfordert sonnige Wuchsplätze.

HERZGESPANN, LÖWENSCHWANZ

LEONURUS CARDIACA
Lippenblütengewächse Lamiaceae

Blütezeit	Mai–September
Tracht	Sommertracht
Nektarwert	mittel
Pollenwert	gering

STECKBRIEF

Mehrjährige, stattliche, bis etwa 150 cm hohe Pflanze mit kräftigem, aufrechtem, meist unverzweigtem, seltener ästigem Stängel. Grundblätter handförmig geteilt bis grob gezähnt, nach oben am Stängel zunehmend einfacher und meist nur noch 3-lappig. Duftet beim Abstreifen eher unangenehm.

BLÜTEN

Lippenblüten überragen den Kelch. Kronen blassrosa, zottig behaart, Unterlippe mit dunkelroten Farbmalen. Die zurückgekrümmten Kelchzähne sind zur Fruchtreife stechend dornspitzig und verhaken sich leicht an vorbeistreifenden Säugetieren. Der elastische Stängel springt zurück und schleudert die Klausen in das Umfeld.

INSEKTENBONUS

Wird gerne von Bienen und Hummeln aufgesucht.

VORKOMMEN

Fast überall in Europa auf trockenen, stickstoffreichen Böden an Wegrändern, Schuttplätzen, Hängen, Böschungen und Ruinen. Nördlich der Alpen relativ selten und meist nur in der Weinbauregion. Alte Bauerngartenpflanze.

TIPP FÜR DEN GARTEN

Empfehlenswerte, kulturhistorisch interessante Art (alte und bewährte Heilpflanze) für die Kultur im Staudenbeet. Pflanzgut bieten alle Gartencenter an.

187

ZITRONEN-MELISSE

MELISSA OFFICINALIS
Lippenblütengewächse Lamiaceae

Blütezeit	Mai–September
Tracht	Sommertracht
Nektarwert	hoch
Pollenwert	mittel

STECKBRIEF
Mehrjährige Pflanze mit unterirdischen Ausläufern, 30–80 cm hoch. Stängel aufrecht oder aufsteigend, kantig, behaart. Blätter gegenständig, oval, gesägt. Alle Teile duften beim Abstreifen intensiv und angenehm nach Zitrone.

BLÜTEN
Relativ kleine Lippenblüten, oft etwas einseitswendig zu wenigen in den Blattachseln. Kronen weiß, gelblich weiß oder sehr hell bläulich. Unterlippe 3-teilig mit breitem Mittellappen, Oberlippe nur flach gewölbt. Kelch 2-lippig.

INSEKTENBONUS
Schon im Altertum wurde die Art als ergiebige Bienenweide angebaut. Daneben werden die Blüten auch von Nachtfaltern (Eulen) besucht.

VORKOMMEN
Heimat ist das östliche Mittelmeergebiet einschließlich Kleinasien. Aus häufiger Gartenkultur verwildert und an vielen Stellen auch nördlich der Alpen eingebürgert.

TIPP FÜR DEN GARTEN
Die Zitronen-Melisse ist in Mitteleuropa zuverlässig winterhart und entwickelt rasch starkwüchsige Horste, die man während der Vegetationsperiode als Aromalieferanten für Tees, Salate oder Desserts beernten kann.

Immenblatt, Bienensaug

MELITTIS MELISSOPHYLLUM
Lippenblütengewächse Lamiaceae

Blütezeit	Mai–September
Tracht	Sommertracht
Nektarwert	hoch
Pollenwert	mittel

Steckbrief

Mehrjährige, weichhaarige Pflanze, 30–60 cm hoch. Stängel meist unverzweigt, kantig, dicht behaart. Blätter gegenständig, 5–10 cm lang, etwa 3–5 cm breit, eiförmig, grob gezähnt, an der Basis abgerundet. Die Pflanze ähnelt im Aussehen sehr einer großen Taubnessel. Alle Teile duften beim Abstreifen angenehm aromatisch nach Honig. In Deutschland geschützt.

Blüten

Lippenblüten mit enger, 2–4,5 cm langer Kronröhre (längste der heimischen Lippenblütler). Krone in der Färbung sehr variabel, entweder einfarbig weiß oder hellrosa, oft auch mit kontrastreich purpurn gefleckter Unterlippe.

Insektenbonus

Wegen der langen, engen Kronröhre werden die Blüten vor allem von Schmetterlingen (Tagfaltern, Schwärmern, Eulen) und langrüsseligen Hautflüglern besucht.

Vorkommen

Lichte Laubwälder (Buchen- oder Eichenmischwälder) auf kalkhaltigem Untergrund, ferner Hecken und Gebüsche. Hauptsächlich in der Bergregion verbreitet, daher vor allem in Westeuropa (Spanien, Frankreich) und in Teilen Südosteuropas. Im Norden selten, in den Alpen bis etwa 1400 m.

Tipp für den Garten

Förderungswürdige und dekorative Art für den Staudengarten. Auf geeignetem Boden ist die Kultur unproblematisch. Pflanzgut aus Staudengärtnereien.

PFEFFER-MINZE

MENTHA × PIPERITA
Lippenblütengewächse Lamiaceae

Blütezeit	Juli–September
Tracht	Sommertracht
Nektarwert	mittel
Pollenwert	gering

STECKBRIEF

Mehrjähriges Kraut mit aufrechtem, ästigem, kantigem Stängel, bis 60 cm hoch. Blätter gegenständig, gestielt, gezähnt, spitz. Die systematisch bemerkenswert vielfältige und schwierige Minzen-Gruppe umfasst mehrere heimische Arten sowie durch Kreuzung entstandene Formen und deren Anbausorten. Sie bieten eine reiche Palette verschiedener ätherischer Öle, die entweder kühlend oder erfrischend oder aromatisch oder fruchtig oder alles sind.
Die Pfeffer-Minze ist nur aus dem Anbau bekannt – sie entstand aus der Kreuzung der Grünen Minze (*Mentha spicata*) und der Wasser-Minze (*Mentha aquatica*).

BLÜTEN

Kleine, trichterförmige Lippenblüten ohne ausgeprägte Gliederung in Unter- und Oberlippe in verlängerten Ähren an den Zweigenden, weißlich oder hellrosa.

INSEKTENBONUS

Reichlicher Besuch durch Bienen, Schwebfliegen und Schmetterlinge (auch Nachtfalter).

VORKOMMEN

Aus dem Anbau verwilderte Exemplare der Kultursorten und deren spontane Rückkreuzungen mit den heimischen Wildarten meist an Ruderalstandorten oder Ufern und Gräben.

TIPP FÜR DEN GARTEN

Durch Ausläuferbildung sind die kultivierten Minzen ausgeprägt ausbreitungsfreudig.

GARTEN-KATZENMINZE

NEPETA × FAASSENII
Lippenblütengewächse Lamiaceae

Blütezeit	Juni–September
Tracht	Sommertracht
Nektarwert	hoch
Pollenwert	gering

STECKBRIEF

Mehrjährige Pflanze, 30–50 cm hoch, selten höher. Stängel steif, aufrecht, kantig, verzweigt. Blätter kreuzgegenständig, graugrün kurzhaarig, länglich eiförmig bis lanzettlich, am Grund gestutzt, gekerbt. Duften beim Abstreifen nicht besonders angenehm.

BLÜTEN

Lippenblüten mit flacher Oberlippe. Zahlreich in aufrechten, ährenartigen, verlängerten Blütenständen. Krone hellblau, blau-weißlich oder ganz weiß.

INSEKTENBONUS

Bienen und Schmetterlinge (auch Nachtfalter) fliegen die Blüten zahlreich an.

VORKOMMEN

Die Art ist ein 1853 entstandener Kreuzungsbastard aus der vorderasiatisch verbreiteten Traubigen Katzenminze *(Nepeta racemosa)* und der im westlichen Mittelmeergebiet beheimateten Kleinen Katzenminze *(Nepeta nepetella)*.

TIPP FÜR DEN GARTEN

Dekorative, empfehlenswerte Pflanze, gedeiht an sonnigen Stellen auch auf nährstoffarmem und trockenem Boden sehr gut. Bleibt meist steril und versamt sich kaum. Bereits Albertus Magnus berichtet, dass Katzenminzen außerordentlich attraktiv auf Katzen wirken und diese sich mit dem ätherischen Blattöl durch Herumwälzen regelrecht imprägnieren.

ECHTER MAJORAN

MAJORANA HORTENSIS (ORIGANUM MAJORANA)
Lippenblütengewächse Lamiaceae

Blütezeit	Juli–September
Tracht	Hochsommertracht
Nektarwert	hoch
Pollenwert	mittel

STECKBRIEF

Einjähriges oder überwinterndes Kraut, in Wärme-regionen auch mehrjähriger Halbstrauch, 25–40 cm hoch. Stängel aufrecht, rötlich braun, ästig verzweigt. Blätter bis 25 mm lang, kurz gestielt, glattrandig, elliptisch, graugrün kurzfilzig. Alle Teile, besonders aber die Blätter, duften beim Abstreifen stark aromatisch.

BLÜTEN

Lippenblüten mit weißer oder hellrosa Krone, zahlreich in schmalen, endständigen Scheinrispen. Der Kelch besteht nur aus der 2-teiligen Oberlippe.

INSEKTENBONUS

Wird gerne und zahlreich von Bienen und Schmetterlingen (auch Nachtfaltern) besucht.

VORKOMMEN

Stammt aus dem östlichen Mittelmeergebiet und wurde dort schon im Altertum als Würzkraut angepflanzt. Nördlich der Alpen meist nur in Gärten oder regional (z. B. in Thüringen) im Feldanbau. Verwildert kaum.

TIPP FÜR DEN GARTEN

Alte Heil- und Würzpflanze, daher eine interessante und empfehlenswerte Art für den Kräutergarten, vielfältig auch in der Küche einsetzbar. Nördlich der Alpen nur bedingt winterfest, muss daher jährlich neu ausgesät werden.

ECHTER DOST

ORIGANUM VULGARE
Lippenblütengewächse Lamiaceae

Blütezeit	Juli–Oktober
Tracht	Hochsommer- und Frühherbsttracht
Nektarwert	hoch
Pollenwert	mittel

STECKBRIEF

Mehrjährige, 40–70 cm hohe Pflanze mit festem, aufrechtem, oft von der Basis an verzweigtem Stängel; Blätter gegenständig, kurz gestielt, oval, glattrandig oder schwach gezähnt, anliegend kurz behaart, als Tragblätter im Bereich des Blütenstandes meist rötlich überlaufen, duften beim Abstreifen angenehm würzig nach Pizza. Bestandteil der Kräutermischung «Herbes de Provence».

BLÜTEN

Zahlreich in endständigen Doldenrispen, duftend. Kronen um 6 mm lang, blass rosa, Oberlippe aufrecht, etwas ausgerandet, Unterlippe 3-zipflig. Kronröhre länger als der purpurne Kelch. Neben den etwas größeren zwittrigen Blüten gibt es auch kleinere weibliche Blüten sowie rein weibliche Pflanzen.

INSEKTENBONUS

Nektar und Pollen liefernde, wertvolle Trachtpflanze für Bienen und Hummeln, wird auch gerne von Schmetterlingen angeflogen.

VORKOMMEN

Sonnige Säume, Felsfluren, Magerrasen. In Europa weit verbreitet, nördlich der Alpen vor allem in den Wärmeregionen häufig.

TIPP FÜR DEN GARTEN

Dekorative Art. Für sonnige Stellen bestens geeignet und in der Kultur anspruchslos. Gedeiht am besten auf mäßig nährstoffreichen Böden. Versamt sich leicht.

GEWÖHNLICHE BRAUNELLE

PRUNELLA VULGARIS
Lippenblütengewächse Lamiaceae

Blütezeit	Mai–August
Tracht	Sommertracht
Nektarwert	mittel
Pollenwert	mittel

STECKBRIEF

Mehrjährige, meist kleine Pflanze, 10–25 cm hoch. Stängel verzweigt, aufrecht, kantig, bildet oberirdische Ausläufer. Blätter gegenständig, gestielt, länglich oval, überwiegend glattrandig.

BLÜTEN

Blüten zwittrig oder rein weiblich, in einer kopfigen Scheinähre unmittelbar oberhalb des obersten Blattpaares. Kronen bis 2 cm lang, blauviolett, mit gewölbter Ober- und flacher Unterlippe. Kelch tief

2-lippig. Tragblätter der Blütenquirle lang bewimpert und bräunlich violett, tragen so zur dekorativen Wirkung bei.

INSEKTENBONUS

Die hübschen Lippenblüten werden hauptsächlich von Hummeln angeflogen. Das Kraut wurde früher arzneilich verwendet.

VORKOMMEN

Wiesen, Zierrasen, Wegränder, lichte Wälder, Weiden, bevorzugt auf nährstoffreichen und frischen Lehmböden. Überall in Europa ziemlich häufig. Als Kulturfolger weltweit verschleppt.

TIPP FÜR DEN GARTEN

Förderung im eigenen Garten vor allem durch Duldung im Zierrasen. Für Staudenbeete empfehlenswert ist die in Sorten angebotene Großblütige Braunelle *(Prunella grandiflora)*. Die Staubblätter belegen die Blütenbesucher durch Hebelwirkung mit Pollen.

Rosmarin

ROSMARINUS OFFICINALIS
Lippenblütengewächse Lamiaceae

Blütezeit	Mai–Juli
Tracht	Sommertracht
Nektarwert	hoch
Pollenwert	gering

Steckbrief

Immergrüner, dicht verzweigter Strauch mit aufrechten oder aufsteigenden, starren Ästen, 1–2 m hoch. Blätter derb, lederig, sitzend, bis 4 cm lang, randlich umgerollt, vorne gerundet, nicht stechend, oberseits dunkelgrün und matt glänzend oder leicht runzlig, unterseits weißfilzig mit zahlreichen Sternhaaren, duften beim Zerreiben stark aromatisch.

Blüten

Lippenblüten zu wenigen in achselständigen Scheinquirlen, 2-lippig. Kelch glockig, Krone auffallend schmal, aber sehr hoch, weißlich bis hellblau, manchmal auch violettblau, überragt den Kelch, Oberlippe weit zurückgebogen.

Insektenbonus

Intensiver Besuch vor allem durch Hautflügler, gelegentlich auch Nachtfalter.

Vorkommen

Trockene, sonnige Hänge auf Kalkgestein, lichte Gebüsche, Waldsäume. Mittelmeergebiet, Typpflanze der Macchien, blüht hier schon im Januar, häufig in Kräutergärten gezogen.

195

Tipp für den Garten

Nördlich der Alpen in den wärmeren Lagen (Weinbauregion) meist winterfest. Auch für Topf- oder Kübelkultur bestens geeignet. Unentbehrlicher Bestandteil der bekannten Kräutermischung «Herbes de Provence».

Echter Salbei

SALVIA OFFICINALIS
Lippenblütengewächse Lamiaceae

Blütezeit	Mai–September
Tracht	Sommertracht
Nektarwert	hoch
Pollenwert	gering

Steckbrief

Immergrüner, reichästiger Halbstrauch mit liegenden oder heruntergebogenen Stämmchen und Ästen, von denen krautige, dicht belaubte Zweige aufsteigen, bis etwa 50 cm hoch. Blätter überwiegend wintergrün, derb, gestielt, glattrandig oder fein gekerbt, runzlig, oberseits graugrün und anfangs dicht behaart, unterseits weißfilzig, sortenabhängig während der kalten Jahreszeit rötlich bis violett überlaufen. Alle Teile der Pflanze duften beim Zerreiben oder Abstreifen angenehm aromatisch.

Blüten

Blüten zu 1–5 in Scheinquirlen, Kelch braunrot, 2-lippig, Krone bis 3,5 cm lang, violettblau.

Insektenbonus

Wird gerne von größeren Hautflüglern und auch von Wildbienen besucht.

Vorkommen

Steinige Hänge, Brachen, Wegsäume. Stammt aus dem westlichen Mittelmeergebiet, nördlich der Alpen schon seit dem 9. Jahrhundert in Klostergärten kultiviert, häufig als Würzkraut gezogen, verwildert in Mitteleuropa selten und unbeständig.

Tipp für den Garten

Zumindest in den wärmeren Regionen (Weinbaugebieten) ist die Art meist zuverlässig winterfest, beansprucht aber bei mehrjähriger Beetkultur viel Platz. Eine äußerst dekorative, weil sehr reichblütige Verwandte ist der Muskateller-Salbei *(Salvia sclarea)*.

WIESEN-SALBEI

SALVIA PRATENSIS
Lippenblütengewächse Lamiaceae

Blütezeit	Mai–August
Tracht	Sommertracht
Nektarwert	mittel
Pollenwert	gering

STECKBRIEF
Mehrjährige Pflanze, 30–80 cm hoch. Stängel aufrecht, kantig, hohl, ästig verzweigt. Blätter gegenständig, gestielt, Spreite bis 12 cm lang, breit oval, an der Basis herzförmig, grob und unregelmäßig gezähnt bis wenig gelappt, sehr runzlig. Beim Abstreifen ohne besonderen Duft.

BLÜTEN
Blüten zahlreich in endständiger, lockerer Ähre. Kronen 2–2,5 cm lang, tiefblau bis blauviolett, seltener auch hellblau oder rosa, Oberlippe breit, sichelförmig gekrümmt.
Wenn ein größerer Blütenbesucher mit seinem Rüssel in die Kronröhre vordringt, stößt er an die gelenkig aufgehängten Staubblätter, die herunterklappen und den Pollen portionsweise auf seinem Rücken abladen.

INSEKTENBONUS
Die großkronige Art ist vor allem für kräftigere Hummeln von Bedeutung, und nur diese können den Hebelmechanismus auslösen.

VORKOMMEN
Mager- und Halbtrockenrasen, Dämme, Böschungen, meist auf kalkhaltigem Boden. Vor allem in Mitteleuropa verbreitet. Regional stark zurückgegangen.

TIPP FÜR DEN GARTEN
Benötigt nährstoffarmen Boden und einen sehr sonnigen Standort. Im Halbschatten unterbleibt die Blütenbildung. Samen (Klausen) in bescheidenem Umfang aus der Natur entnehmen.

BERG-BOHNENKRAUT

SATUREJA MONTANA
Lippenblütengewächse Lamiaceae

Blütezeit	Juli–September
Tracht	Sommertracht
Nektarwert	mittel
Pollenwert	gering

STECKBRIEF

Ausdauernder, dicht verzweigter Halb- oder Zwerg-strauch, bis 50 cm hoch, mit rutenförmigen, liegen-den oder aufsteigenden Zweigen, oft nur am Grund verholzt. Blätter gegenständig, schmal linealisch. Die Blätter duften etwas herb, aber durchaus ange-nehm und würzig.

BLÜTEN

Lippenblüten zu mehreren in den Achseln der obe-ren Stängelblätter. Kronen 6–10 mm lang, weißlich, hellrosa bis hellviolett. Kelchschlund innen lang behaart.

INSEKTENBONUS

Wird gerne von Bienen und Hummeln besucht.

VORKOMMEN

Stammt aus dem Mittelmeergebiet. Nördlich der Alpen meist nur in Gartenkultur.

TIPP FÜR DEN GARTEN

Während das Berg-Bohnenkraut, das man auch Winter-Bohnenkraut nennt, als Kleingehölz wächst, ist das nahe verwandte und gleichwertige Sommer- oder Garten-Bohnenkraut *(Satureja hortensis)* ein einjähriges Kraut. Beide lassen sich auch im Blumen-topf auf der Fensterbank kultivieren. Durch regel-mäßigen Rückschnitt verzweigen sich besonders die Zwergsträucher dicht und entwickeln zahlreiche frische Triebe. Pflanzgut (Containerware) bieten fast alle Staudengärtnereien an.

Heilziest

BETONICA OFFICINALIS (STACHYS OFFICINALIS)
Lippenblütengewächse Lamiaceae

Blütezeit	Juli–September
Tracht	Hochsommer- und Frühherbsttracht
Nektarwert	hoch
Pollenwert	gering

Steckbrief

Mehrjährige Rhizompflanze, 30–50 cm hoch. Stängel aufrecht und unverzweigt, kahl. Stängelblätter nur in 2–3 gegenständigen Paaren. Blattspreiten schmal, gekerbt, am Grund herzförmig eingeschnitten. Basisblätter lang gestielt. Ohne auffälligen Duft.

Blüten

Lippenblüten kräftig hellrot bis hellrosa, selten weiß. Kronröhre innen behaart. Zahlreich in dichten, endständigen, ährenartigen Blütenständen.

Insektenbonus

Sehr attraktiv für Bienen, Hummeln, Schwebfliegen und Tagfalter.

Vorkommen

Lichte Wälder, Moorwiesen und Heiden auf wechselfeuchten, mäßig nährstoffreichen und mageren Böden.

Tipp für den Garten

Früher als Universalheilmittel gepriesen. Die heute in der Landschaft eher seltene Pflanze sollte man nicht mehr sammeln. Im Naturgarten ist sie eine attraktive Bereicherung. Pflanzgut gibt es im Gartenfachhandel. Auch die heimischen Arten der nahe verwandten Gattung *Stachys,* wie Aufrechter Ziest (*Stachys recta*) oder Wald-Ziest (*S. sylvatica*), sind für den Wildpflanzengarten sehr zu empfehlen.

ECHTER THYMIAN

THYMUS VULGARIS
Lippenblütengewächse Lamiaceae

Blütezeit	Mai–Oktober
Tracht	Sommer- und Frühherbsttracht
Nektarwert	hoch
Pollenwert	mittel

STECKBRIEF

Immergrüner, reichästiger, bis 40 cm hoher Kleinstrauch mit aufrechten oder aufsteigenden Ästen
und Zweigen. Blätter kreuzgegenständig, bis 1 cm
lang und um 2 mm breit, mit seitlich nach unten
umgeschlagenen Blatträndern, oberseits graugrün,
unterseits dicht weißlich samthaarig. Alle Teile der
Pflanze duften beim Abstreifen oder Zerreiben stark
und angenehm aromatisch.

BLÜTEN

Blüten zu mehreren büschelig in den Blattachseln
neuer Triebe und daher scheinbar kopfig gehäuft an
den Zweigenden. Kelch kurz, deutlich 2-lippig.
Krone hellrötlich bis hellviolett.

INSEKTENBONUS

Wegen der langen Blütezeit wertvolle Futterpflanze
für blütenbesuchende Insekten.

VORKOMMEN

Steinige, stark besonnte Abhänge und trockene
Felsheiden. Westliches Mittelmeergebiet. In Mitteleuropa nur gelegentlich aus Kräutergärten verwildert.

TIPP FÜR DEN GARTEN

Benötigt im Kräuterbeet einen sehr sonnigen Standort. Empfehlenswert sind auch die übrigen und oft
formenreichen Arten der Gattung wie Sand-Thy-
mian *(T. serpyllum)*, Quendel oder Arznei-Thymian
(T. pulegioides) oder der aus Südosteuropa stammende Steppen-Thymian *(T. pannonicus)*. Zitronen-
Thymian *(T. × citriodorus)* ist eine alte, in Kultur entstandene Kreuzung aus Echtem und Arznei-Thymian.

ECHTES EISENKRAUT

VERBENA OFFICINALIS
Eisenkrautgewächse Verbenaceae

Blütezeit	Juli–September
Tracht	Sommer- und Frühherbsttracht
Nektarwert	mittel
Pollenwert	gering

STECKBRIEF
Mehrjährige, 30–100 cm hohe Pflanze. Stängel verzweigt, kantig, aufrecht, fast blattlos, mit rutenartigen Zweigen. Blätter gegenständig, lanzettlich, grob gekerbt oder ansatzweise fiederspaltig, mit größerem Endlappen.

BLÜTEN
Schwach 2-lippige bis stieltellerartige Blüten, dicht gedrängt in endständigen Scheinähren, die sich zur Fruchtzeit stark verlängern. Kronröhre 3 mm lang, leicht gekrümmt. Kronen blasslila.

INSEKTENBONUS
Blütenbesucher sind hauptsächlich Bienen.

VORKOMMEN
Mäßig trockene Schuttstellen, Ruinengelände, Wegränder, Mauern, Halbtrockenrasen. Kulturfolger seit der Jungsteinzeit. Im Bergland bis etwa 1100 m. In ganz Europa verbreitet oder eingebürgert.

TIPP FÜR DEN GARTEN
Das Eisenkraut ist der einzige heimische Vertreter einer sonst überwiegend tropisch verbreiteten Familie. Schon die Römer und Gallier wiesen ihm magische Kräfte zu. Für die Sommerbepflanzung sind auch überwiegend aus der Neuen Welt stammende Arten in Sorten im Angebot und für Bienen tauglich. Zu den Eisenkrautgewächsen gehört auch das Wandelröschen *(Lantana camara)*.

ACKER-WACHTELWEIZEN

MELAMPYRUM ARVENSE
Sommerwurzgewächse Orobanchaceae

Blütezeit	Juni–August
Tracht	Sommer- und Frühherbsttracht
Nektarwert	mittel
Pollenwert	mittel

STECKBRIEF

Einjährige, wenig verzweigte Pflanze, bis 30 cm hoch. Stängel aufrecht. Blätter gegenständig, schmal lanzettlich, unterhalb der Blütenregion glattrandig, zum Blütenstand hin etwas breiter und mit langen Zähnen, die obersten kräftig purpurn überlaufen. Zählt zu den Halbschmarotzern, da er die Wurzeln seiner Wirtspflanzen anzapft.

BLÜTEN

Rachenförmige Maskenblüten zu mehreren in einer zylindrischen Ähre. Kronen etwa 2 cm lang, im Lippenbereich und an der Basis der Kronröhre überwiegend purpurrot, sonst weißlich oder gelb, Oberlippe helmförmig gewölbt.

INSEKTENBONUS

Die Blüten sind meist nur langrüsseligen Hautflüglern zugänglich. Andere begehen gelegentlich Nektardiebstahl, woran sich auch Wild- und Honigbienen beteiligen.

VORKOMMEN

Äcker, Wegränder, Brachen, Halbtrockenrasen, Offenland, bevorzugt auf basen- und kalkreichem Boden. Im südlichen Europa weit verbreitet, selten im Norden und in den Alpen, in Mitteleuropa fast nur in der Mittelgebirgsregion. Durch Herbizideinsatz ist die Art leider stark zurückgegangen.

TIPP FÜR DEN GARTEN

Für trockene Säume eine besonders dekorative und empfehlenswerte Art. Saatgut aus Wildpflanzengärtnereien. Kultur einfach (Lichtkeimer).

Stechpalme, Hülse

ILEX AQUIFOLIUM
Stechpalmengewächse Aquifoliaceae

Blütezeit	Mai–Juni
Tracht	Frühsommertracht
Nektarwert	mittel
Pollenwert	mittel

STECKBRIEF

Immergrüner, meist stark verzweigter und dichtlaubiger Strauch, 1–5 m hoch, seltener auch Baum bis 10 m Höhe. Triebe grün, kahl. Blätter wechselständig, gestielt, 5–9 cm lang, ledrig-derb, länglich oval, an jeder Seite mit 5 oder mehr langen, dornigen Stachelspitzen, dazwischen seicht oder tief gebuchtet, spitz, am Grund abgerundet, oberseits glänzend dunkelgrün, unterseits matt hellgrün. Steinfrüchte erbsengroß, kugelig, scharlachrot, giftig. In Deutschland geschützt.

BLÜTEN

Scheibenförmige Blüten zweihäusig, 4-zählig, unauffällig, mit weißer, mitunter auch rötlich überlaufener Krone. Duften angenehm.

INSEKTENBONUS

Die Blüten liefern vor allem Nektar für Hautflügler und insbesondere für die Honigbienen.

VORKOMMEN

Lichte Laubwälder und Gebüsche. Atlantisches Westeuropa, westliches und zentrales Mittelmeergebiet, Nordafrika, Vorderasien, in Österreich und der Schweiz selten, in Deutschland im Bereich des Mittelgebirgsgürtels vor allem westlich des Rheins, im nördlichen Tiefland und im Alpenvorland auch weiter östlich. Häufig in Sorten mit abweichender Blattform als Ziergehölz in Parks und Gärten angepflanzt.

TIPP FÜR DEN GARTEN

Für jeden Garten als Sichtschutz und Ziergehölz zu empfehlen. Verträgt Schnitt. Die überreifen Früchte werden gerne von Drosseln verzehrt.

PFIRSICHBLÄTTRIGE GLOCKENBLUME

CAMPANULA PERSICIFOLIA
Glockenblumengewächse Campanulaceae

Blütezeit	Juni–August
Tracht	Hochsommertracht
Nektarwert	mittel
Pollenwert	mittel

STECKBRIEF

Mehrjährige Rosettenpflanze, 50–80 cm hoch. Stängel aufrecht, meist unverzweigt. Grundblätter länglich oval, Stängelblätter wechselständig, lanzettlich, zugespitzt, obere sitzend, um 1 cm breit.

BLÜTEN

Glockige, vormännliche Blüten zu 3–8 in lockerer Traube. Kronen 2,5–4 cm lang, blau bis blauviolett, selten reinweiß, Kronzipfel breit 3-eckig. Der Pollen wird schon in der Knospe von der Griffelbürste aus den Staubbeuteln ausgefegt und am Griffel angeboten (sekundäre Pollenpräsentation).

INSEKTENBONUS

Die Staubblätter müssen von den Bienen und Hummeln zur Seite gedrückt werden, damit sie an den Nektar im Kronengrund gelangen können.

VORKOMMEN

Lichte Wälder, Gebüschsäume, Hecken, Krautfluren. In Europa weit verbreitet, oft auch in Gartenkultur und an geeigneten Stellen verwildert.

TIPP FÜR DEN GARTEN

Dekorative Art, für den Wildblumengarten sehr zu empfehlen. Versamt sich sehr erfolgreich. Pflanzgut als Containerware aus dem Gartenfachhandel.

ACKER-GLOCKENBLUME

CAMPANULA RAPUNCULOIDES
Glockenblumengewächse Campanulaceae

Blütezeit	Juli–August
Tracht	Hochsommertracht
Nektarwert	mittel
Pollenwert	mittel

STECKBRIEF

Mehrjährige Rhizompflanze, bildet Ausläufer, 30–80 cm hoch. Stängel aufrecht, etwas kantig, kahl oder kurz rauhaarig, meist unverzweigt. Blätter wechselständig, am Grund herzförmig, gezähnt, im mittleren und oberen Stängelabschnitt kurz gestielt.

BLÜTEN

Glockenförmige Blüten 2–3 cm lang, zahlreich in endständigen, strikt einseitswendigen Trauben. Kronen blauviolett, Kronblattzipfel nach außen gespreizt, randlich leicht bewimpert.

INSEKTENBONUS

Die blütenbiologischen Eigenschaften entsprechen der vorigen Art.

VORKOMMEN

Trockenwälder, Hecken, Gebüsche, Säume, Wegränder, extensiv genutzte Äcker auf Lehmböden. In Europa weit verbreitet.

TIPP FÜR DEN GARTEN

Meist reichblütige und daher empfehlenswerte, dekorative Art für den Wildblumengarten. Breitet sich erfolgreich aus und siedelt eventuell auch in Mauer- oder Pflasterfugen. Selten im Gartenfachhandel. Ansiedlung durch Aussaat. Auch weitere Arten der Gattung sind ein interessantes Element für den Blumengarten, vor allem die einjährige, in Südeuropa beheimatete Marien-Glockenblume *(Campanula medium)*.

Gewöhnliche Schafgarbe

Achillea millefolium
Korbblütengewächse Asteraceae

Blütezeit	Juni–September
Tracht	Sommer- und Frühherbsttracht
Nektarwert	gering
Pollenwert	mittel

Steckbrief

Mehrjährige, meist wintergrüne, tief wurzelnde Halbrosettenpflanze mit unterirdischen Ausläufern, 15–70 cm hoch. Stängel aufrecht, steif, nur im oberen Teil verzweigt. Blätter wechselständig, doppelt fiederteilig mit feinen, zipfligen Abschnitten. Bei empfindlichen Personen ist Fotosensibilisierung möglich. Alte Heilpflanze.

Blüten

Blütenkörbchen 6–8 mm breit, zahlreich in Doldenrispen. Zungenblüten meist 5, weiß, seltener auch leicht rötlich. Röhrenblüten cremefarben, sehr zahlreich.

Insektenbonus

Wegen der kurzen Kronröhren werden die Blüten von vielen Insektengruppen aufgesucht.

Vorkommen

Fettwiesen und -weiden, Halbtrockenrasen, Wegränder, Gebüsche, gerne auf nährstoffreichen Böden, sonst aber eher anspruchslos. In Europa weit verbreitet und fast überall häufig, im Gebirge bis 2500 m. Heute weltweit verschleppt.

Tipp für den Garten

Diese Art ist für trockenere Stellen im Wildpflanzengarten geeignet. Benötigt jedoch ein wenig Kontrolle. Häufig wird in größeren Gärten und öffentlichen Anlagen auch die bis über 1 m hohe, aus Vorderasien stammende Gold-Schafgarbe *(Achillea filipendulina)* in Sorten angepflanzt. Ihr Insektenbonus ist ähnlich zu bewerten wie derjenige der heimischen Arten.

FÄRBER-HUNDSKAMILLE, FÄRBERKAMILLE

ANTHEMIS TINCTORIA
Korbblütengewächse Asteraceae

Blütezeit	Juni–September
Tracht	Sommer- und Frühherbsttracht
Nektarwert	mittel
Pollenwert	mittel

STECKBRIEF

Zwei- oder meist mehrjährige Pflanze, 30–60 cm hoch, ohne auffallenden aromatischen Duft. Stängel aufrecht, verzweigt. Blätter wechselständig, doppelt fiederteilig mit feinen, schmalen Endzipfeln, unterseits kurz und wollig behaart. Früher als Färberpflanze verwendet.

BLÜTEN

Scheibenförmige Blütenköpfe 2–4 cm breit. Blütenboden gewölbt. Etwa 30–50 Zungen- und meist über 300 Röhrenblüten, goldgelb. Hüllblätter filzig, dachziegelartig angeordnet. Die Körbchen werden nachts wie beim Gänseblümchen geschlossen.

INSEKTENBONUS

Durchaus ergiebige Pollen- und Nektarpflanze für Hautflügler und andere Insekten.

VORKOMMEN

Felsfluren, Trockenrasen, Schuttstellen, gerne auf trockenen, basenreichen Böden. Nicht selten in Sorten auch in Gartenkultur und stellenweise unbeständig verwildert. Nördlich der Alpen vor allem im südlichen Mitteleuropa verbreitet.

TIPP FÜR DEN GARTEN

Bemerkenswert dekorative Art und vorbehaltlos empfehlenswert für den Wildpflanzengarten. Benötigt sehr sonnige, offene Standorte. Ansiedlung am ehesten durch Aussaat. In Gartencentern mitunter auch als Containerware angeboten.

208

Berg-Aster, Kalk-Aster

ASTER AMELLUS
Korbblütengewächse Asteraceae

Blütezeit	August–Oktober
Tracht	Frühherbsttracht
Nektarwert	hoch
Pollenwert	hoch

Steckbrief

Mehrjährige, bis etwa 50 cm hohe Rosettenpflanzen mit kurzem Rhizom. Stängel aufrecht, nur im oberen Teil verzweigt. Grundblätter schmal verkehrt-eiförmig, kurz gestielt, überwiegend glattrandig, höchstens 15 cm lang. Als Wildpflanze in Österreich und Deutschland geschützt.

Blüten

Blütenköpfe 3–5 cm breit, zu mehreren in lockerer Schirmtraube. Zungenblüten weiblich, rötlich blau oder lila, Röhrenblüten männlich, goldgelb.

Insektenbonus

Wird gerne und häufig von Schwebfliegen und Schmetterlingen besucht.

Vorkommen

Halbtrockenrasen, trockene Waldsäume, lichte Kiefernbestände, besonders gerne auf Kalk. Im höheren Mittel- und Hochgebirge. Häufig als Zierpflanze in Sorten und Hybriden in Gärten gezogen.

Tipp für den Garten

Für den blumigen Spätsommergarten empfehlenswert. Der Gartenfachhandel bietet neben diversen Sorten oft Hybriden mit der Alpen-Aster *(Aster alpinus)* an. Auch dieser Formenkreis ist relativ unübersichtlich. Die üblichen Sommerastern gehören überwiegend der aus Ostasien stammenden Art *Callistephus chinensis* an.

Raublatt-Aster, Neuengland-Aster

Aster novae-angliae
Korbblütengewächse Asteraceae

Blütezeit	August–Oktober
Tracht	Spätsommer- und Herbsttracht
Nektarwert	hoch
Pollenwert	hoch

Steckbrief

Formenreiche, mehrjährige Pflanze, bis 2 m hoch. Stängel aufrecht, verzweigt, mit langen, abstehenden, rauen Haaren. Stängelblätter beidseits behaart, wechselständig, stängelumfassend.

Blüten

Scheibenförmige Körbchen. Äußere Zungen- bzw. Strahlenblüten 20–50, weiblich, dunkelrosa, purpurn, violett, hellblau oder weißlich. Röhrenblüten 25–70, männlich, goldgelb. Äußere Hüllblätter grün oder purpurn überlaufen, drüsig behaart. Bei trübem Wetter werden die Zungenblüten eingerollt.

Insektenbonus

Wegen des späten Blühtermins wichtige Proviantpflanze vor allem für Fliegen, Schwebfliegen und Schmetterlinge.

Vorkommen

Stammt aus dem östlichen Nordamerika. Häufig als Zierpflanzen in Gärten. In Uferstaudengesellschaften der Flüsse als Neophyt eingebürgert, verhält sich jedoch hier (bislang) nicht invasiv.

Tipp für den Garten

Für den bunten Spätsommergarten stehen zahlreiche Sorten mit verschiedenen Farbstellungen der Blütenköpfe und unterschiedlichen Wuchshöhen sowie Hybriden mit anderen Arten zur Verfügung.

GLATTBLATT-ASTER, NEUBELGIEN-ASTER

ASTER NOVI-BELGII
Korbblütengewächse Asteraceae

Blütezeit	August–Oktober
Tracht	Spätsommer- und Frühherbsttracht
Nektarwert	hoch
Pollenwert	hoch

STECKBRIEF

Mehrjährige, bis 160 cm hohe Pflanze. Stängel aufrecht, kahl oder nur im oberen Teil wenig flaumig. Obere Stängelblätter kahl, halb stängelumfassend sitzend, schmal bis lanzettlich, 5–10 cm lang.

BLÜTEN

Körbchen 5–7 cm breit, zahlreich in breiten rispenförmigen oder scheindoldigen Gesamtblütenständen. Hüllblätter nicht dachziegelig. Zungenblüten 20–50, meist violett, seltener lila, purpurn oder weiß. Röhrenblüten bis etwa 70, gelb.

INSEKTENBONUS

Ähnlich zu bewerten wie die vorige Art.

VORKOMMEN

Stammt aus dem östlichen Nordamerika. Beliebte Zierpflanze in Gärten, nicht selten in Hochstaudenfluren an größeren Flüssen (Stromtälern) verwildert. Verhält sich hier (bislang) nicht invasiv oder schädigend.

TIPP FÜR DEN GARTEN

Die niedrigwüchsigen Formen werden im Gartenfachhandel oft unter der Bezeichnung Kissen-Aster *(Aster dumosus)* angeboten. Die genaue Bestimmung der im Frühherbst blühenden Gartenastern ist extrem schwierig. Außer den genannten Arten(gruppen) ist mit folgenden Arten oder deren Hybriden zu rechnen: Kahle Aster *(Aster laevis)*, Weidenblättrige Aster *(A. salignus)* oder Lanzettblättrige Aster *(A. lanceolatus)*.

GÄNSEBLÜMCHEN

BELLIS PERENNIS
Korbblütengewächse Asteraceae

Blütezeit	Januar–Dezember (Hauptblüte März–Juli)
Tracht	Ganzjahrestracht
Nektarwert	gering
Pollenwert	gering

STECKBRIEF
Mehrjährige, wintergrüne Rosettenpflanze mit kurzen Ausläufern, an denen Tochterrosetten entstehen. Alle Blätter grundständig, spatelförmig bis verkehrt-eiförmig. Der behaarte, 5–10 cm hohe Stängel trägt nur die Blütenköpfe.

BLÜTEN
Körbchen 1–2 cm breit, außen mit weißen, an den Spitzen rötlichen, weiblichen Zungenblüten, die 2-reihig angeordnet sind, innen mit gelben, zwittrigen Röhrenblüten. Die Köpfe schließen sich bei Dunkelheit und bei regnerischem Wetter. Der Schließvorgang ist auch tagsüber durch energisches Anstoßen der Zungenblüten mit dem Finger auszulösen.

INSEKTENBONUS
Wegen der langen Blütezeit wichtige, wenngleich nicht allzu ergiebige Proviantpflanze.

VORKOMMEN
Nährstoffreiche, frische Fettwiesen, Weiden, Zierrasen. Kulturfolger. Überall in Europa sehr häufig. Noch im Mittelalter war die Art relativ selten. Heute weltweit verschleppt.

TIPP FÜR DEN GARTEN
Stellt sich auch ohne Aussaat meist von selbst in Zierrasen ein und sollte hier als interessantes Element geduldet werden. Bei den unter der Bezeichnung Tausendschön angebotenen, höchstens 2-jährigen Zierformen sind die meisten Einzelblüten zu Zungenblüten umgewandelt und bestehen nur noch aus abgeflachten Kronröhren. Diese Formen sind ökologisch weniger wertvoll.

Gewöhnliche Ringelblume

CALENDULA OFFICINALIS
Korbblütengewächse Asteraceae

Blütezeit	Juni–September
Tracht	Sommer- und Frühherbsttracht
Nektarwert	mittel
Pollenwert	mittel

STECKBRIEF

Einjähriges, seltener mehrjähriges Kraut, 30–50 cm hoch. Stängel aufrecht, wenig verzweigt, behaart. Blätter sitzend, spatelig, ganzrandig, beidseits fein drüsig behaart, duften daher beim Abstreifen angenehm aromatisch. Früchte ungleich groß, auffällig eingerollt.

BLÜTEN

Blütenköpfe bis 5 cm breit, schließen sich bei Dunkelheit. Randblüten weiblich, mittlere Blüten überwiegend zwittrig, aber funktionell meist männlich, goldgelb.

INSEKTENBONUS

Wird gerne von Honigbienen, Hummeln und anderen Insekten aufgesucht.

VORKOMMEN

Die Art stammt aus dem Mittelmeergebiet. Häufig in Sorten als Zierpflanze in Blumengärten. Sie verwildert allerdings nur sehr unbeständig. Nördlich der Alpen sind ihr die Winter einfach zu kalt.

TIPP FÜR DEN GARTEN

Die prächtige Ringelblume ist eine in der Kultur gänzlich unproblematische und visuell hochwirksame Zierde jedes Gartens. Sie benötigt lediglich einen sonnigen, offenen Wuchsplatz. Die seltene Acker-Ringelblume *(Calendula arvensis)* ist in allen Merkmalen vergleichbar.

KORNBLUME

CENTAUREA CYANUS
Korbblütengewächse Asteraceae

Blütezeit	Juni–Oktober
Tracht	Sommer- und Frühherbsttracht
Nektarwert	hoch
Pollenwert	mittel

STECKBRIEF

Einjährige, mitunter auch winterannuelle Pflanze, 50–80 cm hoch. Stängel aufrecht, kantig, weich behaart, verzweigt. Blätter wechselständig, lanzettlich, die untersten an der Basis fiederspaltig, graugrün behaart.

BLÜTEN

Blütenkörbchen 2–3,5 cm breit, flach, nur mit leuchtend blauen Röhrenblüten. Randliche Blüten zur Steigerung der Schauwirkung trichterförmig vergrößert. Die Blütenköpfe zeigen eine hohe UV-Reflexion und fallen daher ihren Besuchern schon von Weitem auf.

INSEKTENBONUS

Wird häufig von Schwebfliegen, Hautflüglern und Schmetterlingen besucht. Sekundäre Pollenpräsentation durch leicht reizbare Staubblattstielchen. Maximaler Bienenbesuch am späten Vormittag.

VORKOMMEN

Wärme liebend. Getreideäcker, Brachen, Wegränder, Gärten, gerne auf nährstoffreichen Böden. Kulturbegleiter seit der Jungsteinzeit. In Europa fast überall verbreitet, jedoch seit Jahren stark zurückgehend. Prägte zusammen mit dem Klatsch-Mohn das Bild sommerlicher Getreideäcker. Durch Herbizideinsatz weitgehend zurückgedrängt, überlebt heute nur noch auf Sonderstandorten.

TIPP FÜR DEN GARTEN

Verdient unbedingt gezielte Förderung durch Ansaat im Sommerblumengarten. Kultur an sonnigen, offenen Wuchsplätzen einfach. Wird auch in Sorten im Fachhandel angeboten.

WIESEN-FLOCKENBLUME

CENTAUREA JACEA
Korbblütengewächse Asteraceae

Blütezeit	Juni–Oktober
Tracht	Sommer- und Frühherbsttracht
Nektarwert	hoch
Pollenwert	mittel

STECKBRIEF

Sehr formenreiche, mehrjährige Pflanze, 30–70 cm hoch. Stängel aufrecht, verzweigt. Blätter wechselständig, lanzettlich, einfach und meist glattrandig, rau behaart, an der Basis allmählich in den kurzen Stiel verschmälert, obere sitzend.

BLÜTEN

Blütenkörbchen 2–4 cm breit, nur mit violetten Röhrenblüten. Die randlichen Blüten sind auffällig trichterig vergrößert, meist steril und dienen nur der Anlockung der Bestäuberinsekten. Kronröhren bis 1 cm lang. Dreihäusig – neben Exemplaren mit zwittrigen Blüten kommen auch rein weibliche und rein männliche Pflanzen vor. Hüllblätter mit zerfranstem Anhängsel.

INSEKTENBONUS

Wird von Hautflüglern, Schwebfliegen und Schmetterlingen gerne und reichlich besucht. Häufigster Bienenbesuch gegen 15 h.

VORKOMMEN

Sonnige Trockenwiesen, Magerrasen, Wegränder, Feldraine, gerne auf basenhaltigem Boden. In Europa fast überall verbreitet und meist ziemlich häufig.

TIPP FÜR DEN GARTEN

Lässt sich an offenen, sonnigen Stellen durch Aussaat im Garten ansiedeln. Die ähnliche Skabiosen-Flockenblume *(C. scabiosa)* hat tief fiederspaltige Blätter sowie Hüllblätter mit schwärzlichem Rand. Sie kommt an vergleichbaren Standorten vor.

BERG-FLOCKENBLUME

CENTAUREA MONTANA
Korbblütengewächse Asteraceae

Blütezeit	Mai–September
Tracht	Sommertracht
Nektarwert	hoch
Pollenwert	mittel

STECKBRIEF

Mehrjährige Rhizompflanze, 30–70 cm hoch. Stängel kräftig, aufrecht, verzweigt. Obere Blätter am Stängel herablaufend, eiförmig, zugespitzt, unterseits graufilzig.

BLÜTEN

Ausgebreitete Blütenköpfe endständig, bis 5 cm breit, nur mit Röhrenblüten. Kronen am Rand tiefblau, in der Körbchenmitte eher violett. Hüllblattanhängsel schwarzbraun, ihre Fransen so lang wie der schwarze Rand breit.

INSEKTENBONUS

Der Nektar wird an den äußeren Hüllblättern der noch nicht vollständig geöffneten Körbchen abgesondert und dort auch von Ameisen gesammelt.

Diese schützen die Knospen vor dem Fraß durch Blumenkäfer aus der Familie Anthicidae, die sie als vermeintliche Nektarkonkurrenten vertreiben. An den Früchten finden sich fettreiche Anhängsel, die durch Ameisen genutzt werden.

VORKOMMEN

Frische Staudenfluren, Wiesen und Gebüsche sowie deren Säume im Bergland, von Mittelspanien über die Alpen bis zu den Sudeten. Häufig in Gartenkultur und vielfach verwildert.

TIPP FÜR DEN GARTEN

Sehr dekorative und empfehlenswerte Art. Erträgt auch Halbschatten. Vermehrung durch Aussaat oder Teilung. Auch in Sorten im Gartenfachhandel.

WEGWARTE

CICHORIUM INTYBUS
Korbblütengewächse Asteraceae

Blütezeit	Juli–August
Tracht	Hochsommertracht
Nektarwert	hoch
Pollenwert	hoch

STECKBRIEF

Mehrjährige, 30–150 cm hohe Pflanze mit Milchsaft. Stängel aufrecht, sparrig verzweigt, sehr fest, leicht rauhaarig. Grundblätter rosettig, Stängelblätter wechselständig, wie beim Löwenzahn grob gesägt bis fiederteilig, nach oben zunehmend schmaler und nur noch wenig gezähnt.

BLÜTEN

Flache Blütenkörbchen 3–4 cm breit, hellblau, seltener auch rosa oder weißlich, nur mit Zungenblüten. Sind bei warmem Wetter nur einen Vormittag lang geöffnet und welken dann im Laufe des Nachmittags rasch, wobei sie weißlich umfärben.

INSEKTENBONUS

Die kurze tägliche Blühphase deckt sich gut mit der Flugzeit des Hauptbestäubers, der Dosenbiene *(Dasypoda plumipes)*. Unter den weiteren Blütenbesuchern sind auch Schwebfliegen.

VORKOMMEN

Wegränder, Brachen, Wiesen, Schuttstellen, bevorzugt trockenen Boden an offenen, besonnten Stellen. In Europa weit verbreitet, im nördlichen Mitteleuropa nur zerstreut, fehlt in den Alpen. Stammpflanze von Zichorie und Endiviensalat.

TIPP FÜR DEN GARTEN

Kann an sonnigen Stellen im Blumengarten als blütenreiche Hochstaude leicht angesiedelt werden, auch als essbare und dann meist nur zweijährige Kulturvarietät.

ACKER-KRATZDISTEL

CIRSIUM ARVENSE
Korbblütengewächse Asteraceae

Blütezeit	Juli–September
Tracht	Sommertracht
Nektarwert	hoch
Pollenwert	hoch

STECKBRIEF

Mehrjährige, besonders tief wurzelnde Pflanze, 50–150 cm hoch. Stängel aufrecht, stark verzweigt, beblättert, nicht geflügelt. Blätter wechselständig, ungeteilt oder buchtig gezähnt, im Umriss länglich oval, meist etwas gewellt, laufen nicht am Stängel herab.

BLÜTEN

Rundliche Blütenkörbchen mit etwa 100 zwittrigen Röhrenblüten, um 1 cm breit, angenehm duftend, zu 1–5 in lockeren Rispen. Daneben Pflanzen mit rein weiblichen Blüten in kleineren Köpfen. Kronen blassrosa, Hüllblätter mit schwarzer Spitze.

INSEKTENBONUS

Der reichlich abgegebene Nektar steigt in engen Kronröhren kapillar nach oben und ist dort vielen Insekten zugänglich. Besuch durch Hautflügler, Schwebfliegen und Schmetterlinge.

VORKOMMEN

Äcker, Gärten, Brachen, Wegränder, gerne auf nährstoffreichen Böden. Überall in Europa sehr häufig. In der Landwirtschaft gefürchtetes und nur schwer zu bekämpfendes Wildkraut.

TIPP FÜR DEN GARTEN

Die Art ist in der mitteleuropäischen Kulturlandschaft so häufig, dass eine Ansiedlung im Garten nicht erforderlich ist.

KOHL-KRATZDISTEL, KOHLDISTEL

CIRSIUM OLERACEUM
Korbblütengewächse Asteraceae

Blütezeit	Juni–September
Tracht	Sommertracht
Nektarwert	sehr hoch
Pollenwert	hoch

STECKBRIEF

Mehrjährige, 30–150 cm hohe Pflanze ohne Milchsaft. Stängel kräftig, aufrecht, etwas gefurcht, verzweigt. Blätter wechselständig, weich, kahl, untere fiederspaltig, obere einfach, weichstachelig umrandet, laufen nicht am Stängel herab, hellgrün. Früher beliebtes Wildgemüse.

BLÜTEN

Kugelige Blütenkörbchen endständig und zu mehreren gehäuft, wie kleine Kohlköpfe von bleichen Hochblättern umgeben, 3–4 cm lang und breit, nur mit hellgelblichen Röhrenblüten.

INSEKTENBONUS

Wird gerne von verschiedenen Hautflüglern und Tagfaltern angeflogen. Die Hüllblätter dienen Kleininsekten auch als Nachtquartier.

VORKOMMEN

Nasswiesen, Staudenfluren von Ufern, Auen und Gräben. Vor allem in Mitteleuropa verbreitet, aber stellenweise selten bis zerstreut.

Tipp für den Garten

Wegen der Standortansprüche für die Gartenkultur eher nicht geeignet. Bestände in der Kulturlandschaft sollten aber geschützt werden. Eher ist die (auch als Rosette) ausgesprochen dekorative Lanzett-Kratzdistel *(Cirsium lanceolatum)* zu empfehlen.

SCHMUCKKÖRBCHEN, GARTEN-KOSMEE

COSMOS BIPINNATUS
Korbblütengewächse Asteraceae

Blütezeit	Juli–Oktober
Tracht	Sommertracht
Nektarwert	mittel
Pollenwert	mittel

STECKBRIEF

Einjährige, bis 150 cm hohe Pflanze ohne Milchsaft mit aufrechtem, verzweigtem, kahlem, straffem Stängel. Blätter gegenständig, doppelt fiederschnittig mit feinen Endabschnitten, kahl, hellgrün.

BLÜTEN

Flache Blütenkörbchen bis 5 cm breit, einzeln endständig. Sterile randliche Zungenblüten zipflig ausgerandet, sortenabhängig weiß, gelb, orange, rot oder purpurn. Röhrenblüten gelb.

INSEKTENBONUS

Wird wegen des meist reichlichen Blütenangebots häufig von Hautflüglern und Schmetterlingen besucht.

VORKOMMEN

Stammt aus dem mexikanischen Hochland, Guatemala und dem Südwesten der USA. In den Tropen fast überall eingebürgert. Verwildert in Mitteleuropa gelegentlich in den Wärmegebieten.

TIPP FÜR DEN GARTEN

Empfehlenswerte Sommerblume für das Hochstaudenbeet. Benötigt allerdings einen sonnigen Wuchsplatz. Aussaat im Frühjahr und Vereinzelung ab Mai. Eine interessante Verwandte ist die nicht ganz so hochwüchsige, aber lange und reichlich blühende Schokoladenblume *(Cosmos atrosanguineus).*

Drüsige Kugeldistel

ECHINOPS SPHAEROCEPHALUS
Korbblütengewächse Asteraceae

Blütezeit	Juni–August	
Tracht	Sommertracht	
Nektarwert	hoch	
Pollenwert	mittel	

STECKBRIEF

Zwei- oder selten mehrjährige Pflanze, bis 150 cm hoch. Stängel aufrecht, im oberen Teil meist braunrot drüsenhaarig. Blätter bis 40 × 15 cm groß, fiederspaltig, im Umriss länglich oval, oberseits drüsenhaarig, unterseits filzig bis wollig behaart.

BLÜTEN

Schlanke, weißgraue bis blaugraue Einzelblüten stehen zahlreich in kugeligen Gesamtblütenständen zusammen, diese 4–8 cm breit. Kronblätter eher hell, Staubblätter meist kräftiger blau. Kronröhre etwa 6 mm lang.

INSEKTENBONUS

Die nektarreichen Blüten werden gerne von Hummeln, Bienen, Wespen und Schmetterlingen besucht.

VORKOMMEN

Stammt aus Südeuropa und Westasien. Häufig verwendete Gartenpflanze. An trockenwarmen Stellen in Mitteleuropa als Neophyt eingebürgert, verhält sich bei Vordringen in Trockenrasen invasiv.

TIPP FÜR DEN GARTEN

Als bereichernde Bienenweide für den Garten zu empfehlen. Die unkontrollierte (weitere) Ausbreitung lässt sich durch rechtzeitiges Entfernen der reifenden Blütenköpfe verhindern. Ähnlich zu bewerten ist die sehr hübsche Blaue Kugeldistel *(Echinops ritro)* aus Vorderasien.

EINJÄHRIGER FEINSTRAHL, FEINSTRAHL-BERUFSKRAUT

ERIGERON ANNUUS (ERIGERON STRIGOSUS)
Korbblütengewächse Asteraceae

Blütezeit	Juni–September
Tracht	Sommertracht
Nektarwert	mittel
Pollenwert	mittel

STECKBRIEF

Formenreiche, ein- oder meist zweijährige, bis 1 m hohe Pflanze mit aufrechtem, im oberen Teil reichlich verzweigtem, beblättertem Stängel, kahl oder dicht abstehend behaart, aber nicht drüsig. Blätter wechselständig, breit lanzettlich, grob gezähnt.

BLÜTEN

Blütenkörbchen bis 3 cm breit. Zungenblüten länger als die Röhrenblüten, weiß oder blass violett. Hüllblätter ungefähr gleich lang.

INSEKTENBONUS

Wird gerne von Zweiflüglern, Schmetterlingen und Wildbienen angeflogen.

VORKOMMEN

Stammt aus Nordamerika, schon im 17. Jahrhundert als Zierpflanze eingeführt. Seither aus Gartenkultur verwildert und als Neophyt an vielen Stellen eingebürgert. Bevorzugt nährstoffreiche Böden. Häufig an Flussufern, Wegböschungen, Schuttstellen, Bahnschotter.

TIPP FÜR DEN GARTEN

Eine fördernde Anpflanzung im eigenen Garten empfiehlt sich wegen des Invasionspotenzials der ohnehin schon ziemlich häufigen Art nicht unbedingt. Weitere ökologisch und im Aussehen ähnliche Arten sind das Raue Berufskraut *(Erigeron acris)* und das Kanadische Berufskraut *(Conyza canadensis)*.

WASSERDOST, WASSERHANF, KUNIGUNDENKRAUT

EUPATORIUM CANNABINUM
Korbblütengewächse Asteraceae

Blütezeit	Juli–September
Tracht	Spätsommertracht
Nektarwert	hoch
Pollenwert	mittel

STECKBRIEF

Mehrjährige Pflanze, 70–150 cm hoch. Stängel aufrecht, erst im oberen Teil verzweigt, rundlich, dicht behaart, bis oben beblättert, oft rötlich überlaufen. Blätter 2–4 cm breit und 8–15 cm lang, fast gegenständig, kurz gestielt, handförmig 3- bis 5-teilig, mittlere Fieder am größten, schmal lanzettlich, unregelmäßig grob gezähnt.

BLÜTEN

Blütenkörbchen klein, jeweils nur mit 4–6 Röhrenblüten, jedoch sehr zahlreich in flach ausgebreiteten Doldenrispen. Zungenblüten fehlen. Kronen an der Basis weißlich, nach oben hellrosa.

INSEKTENBONUS

Wegen des relativ späten Blühtermins und der auffallenden Reichblütigkeit eine wichtige Trachtpflanze für Bienen. Daneben auch reicher Besuch durch Tagfalter wie Admiral, Tagpfauenauge oder Kaisermantel.

VORKOMMEN

Feuchte Wälder, Waldlichtungen, Ufer, Auengebüsche, Hochstaudenfluren, Gräben, bevorzugt auf feuchten, nährstoffreichen Böden. In Europa weit verbreitet in meist großen Beständen.

TIPP FÜR DEN GARTEN

Für die Gruppenpflanzung im Wildpflanzengarten empfehlenswert. Erträgt Halbschatten. Ansiedlung durch Aussaat einfach.

BEHAARTES FRANZOSENKRAUT

GALINSOGA QUADRIRADIATA
Korbblütengewächse Asteraceae

Blütezeit	Mai–Oktober
Tracht	Sommer- und Frühherbsttracht
Nektarwert	mittel
Pollenwert	gering

STECKBRIEF

Einjährige, 10–70 cm hohe Pflanze ohne Milchsaft. Stängel aufrecht, locker verzweigt, vor allem im oberen Teil abstehend zottig behaart. Blätter gegenständig, länglich oval, gezähnt, spitz, hell- bis mittelgrün.

BLÜTEN

Blütenkörbchen um 5 mm breit, nur mit 4–5 weißen Zungenblüten und wenigen gelben Röhrenblüten. Blütenstiele mit roten Drüsen. Angeblich nur Selbstbestäubung.

VORKOMMEN

Wärme liebende Lichtpflanze vor allem auf Hackfruchtäckern, Brachen, in Gärten, auf Plätzen. Die Art stammt aus Mittel- und Südamerika (Mexiko bis Chile). Aus verschiedenen Botanischen Gärten im 19. Jahrhundert verwildert und unterdessen fast überall in Mitteleuropa als Neophyt eingebürgert. Verhält sich jedoch kaum invasiv und stellt keine allzu starke Konkurrenz dar. Das Gleiche gilt für das Kleinblütige Franzosenkraut *(Galinsoga parviflora)*, das ebenfalls aus dem tropischen Amerika stammt.

TIPP FÜR DEN GARTEN

Die *Galinsoga*-Arten können im Garten geduldet werden. Sie bringen in der Vegetationsperiode mitunter 3 Generationen hervor, sind aber sehr frostempfindlich.

EINJÄHRIGE SONNENBLUME

HELIANTHUS ANNUUS
Korbblütengewächse Asteraceae

Blütezeit	Juli–September
Tracht	Sommertracht
Nektarwert	hoch
Pollenwert	hoch

STECKBRIEF

Einjährige, raschwüchsige Pflanze ohne Milchsaft, fallweise bis 4 m hoch. Stängel aufrecht, sortenabhängig unverzweigt oder ästig, rau. Blätter wechselständig, herzförmig, gestielt, 20–50 cm lang und fast ebenso breit, gesägt.

BLÜTEN

Flache Blütenköpfe bis 40 cm breit, bestehen aus mehr als 12000 Einzelblüten. Zungenförmige Randblüten steril, goldgelb, zentrale Röhrenblüten sortenabhängig bräunlich, zwittrig, aber vormännlich, spiralig angeordnet. Kompasspflanze: Die Blütenköpfe sind immer nach Süden ausgerichtet, drehen sich aber nicht dem Sonnenstand nach.

INSEKTENBONUS

Der Nektar wird hauptsächlich vom frühen bis mittleren Nachmittag angeboten und weist dann auch den höchsten Zuckergehalt auf. Reicher Besuch durch Honigbienen und Hummeln, gelegentlich auch von Tagfaltern.

VORKOMMEN

Ursprüngliche Heimat Südwesten der USA und Nordmexiko. In Europa seit dem 16. Jahrhundert als Zierpflanze verwendet. Heute in sommerwarmen Regionen auch im Feldanbau. Gelegentlich unbeständig verwildert.

TIPP FÜR DEN GARTEN

Für den insektenfreundlichen Garten nachdrücklich zu empfehlen, ist allerdings ein Nährstoffzehrer. Die reifen Köpfe kann man als Nahrung für die durchziehenden oder überwinternden Vögel aufhängen oder stehen lassen.

TOPINAMBUR, KNOLLEN-SONNENBLUME

HELIANTHUS TUBEROSUS
Korbblütengewächse Asteraceae

Blütezeit	September–Oktober
Tracht	Herbsttracht
Nektarwert	hoch
Pollenwert	hoch

STECKBRIEF

Formenreiche, mehrjährige, bis 2,5 m hohe Pflanze ohne Milchsaft mit aufrechtem, ästigem, rauhaarigem Stängel. Bildet Ausläufer. Blätter im unteren Stängelteil gegenständig oder zuweilen zu 3 im Wirtel, im oberen Teil eher wechselständig, gestielt, spitz, oberseits rauhaarig, unterseits eher flaumig.

BLÜTEN

Flache Blütenköpfe lang gestielt, 5–8 cm breit, flach, leuchtend gelb. Zungenblüten 12–20. Hüllblätter schwarzgrün. Duften nach Kakao.

INSEKTENBONUS

Wegen des späten Blühtermins auch in den Frühherbstwochen eine ergiebige Tracht für Bienen und Hummeln.

VORKOMMEN

Stammt aus dem Südosten und Süden der USA, wurde schon vor Kolumbus durch die Indianer kultiviert. In Südkanada und Mitteleuropa eingebürgert, hier Neophyt seit 1830, vor allem an Flussufern und stellenweise sehr dominant.

TIPP FÜR DEN GARTEN

Dekorative und empfehlenswerte Gartenpflanze. Die zigarrenförmigen Knollen sind essbar und unter der Bezeichnung «Erdbirnen» im Handel. Bei ordnungsgemäßer Entsorgung von Abfällen geht von dieser Art im Gartenumfeld keine Gefahr aus.

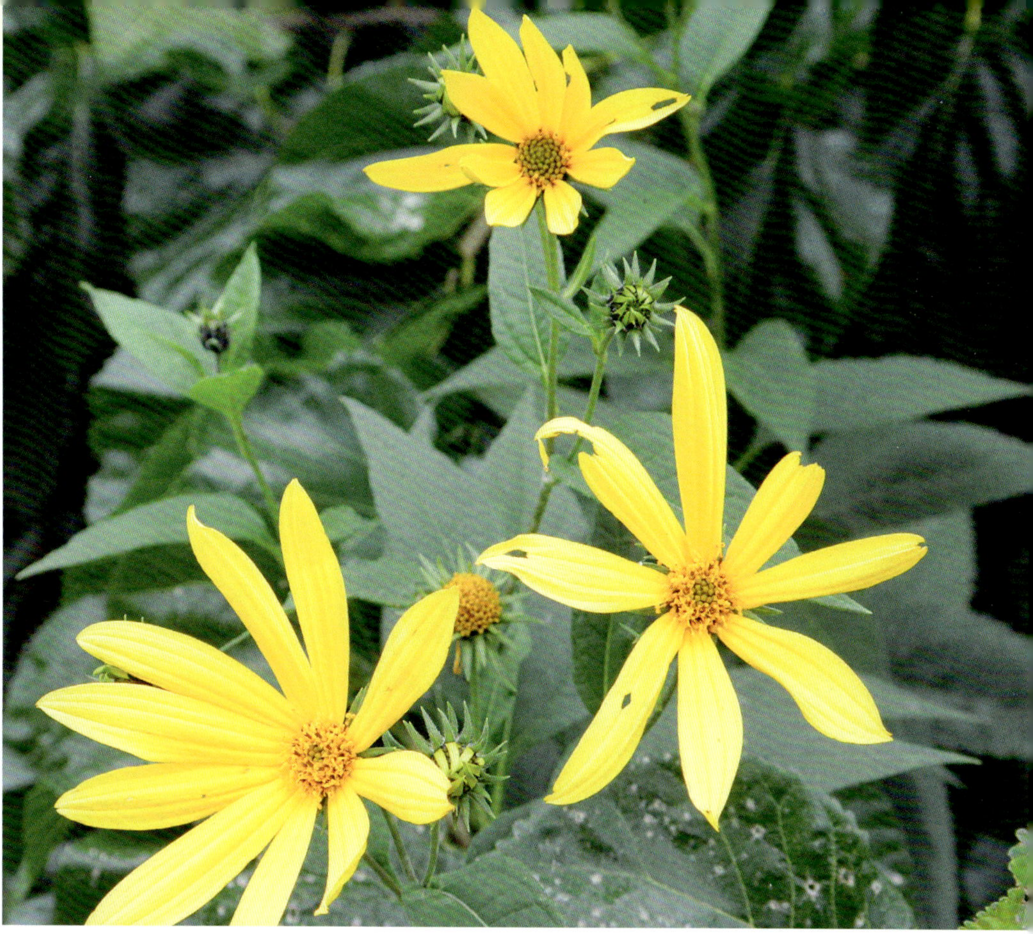

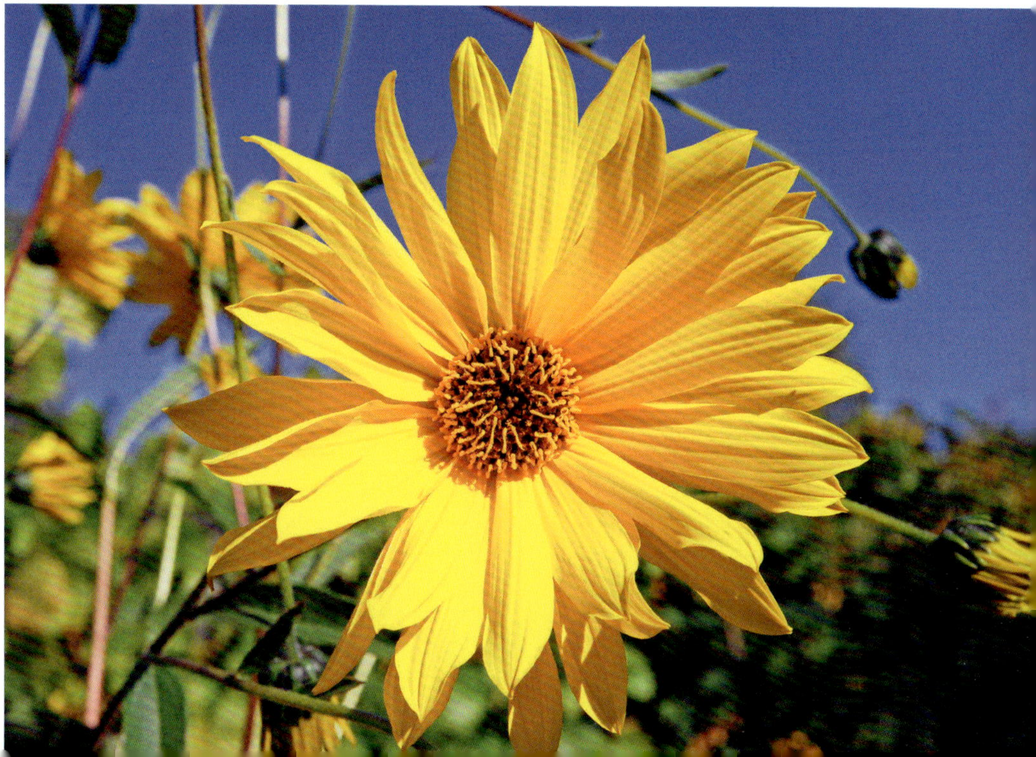

WEIDENBLÄTTRIGER ALANT

INULA SALICINA
Korbblütengewächse Asteraceae

Blütezeit	Juni–August
Tracht	Sommertracht
Nektarwert	mittel
Pollenwert	hoch

STECKBRIEF

Mehrjährige, in kleinen Rasen wachsende Pflanze, 20–80 cm hoch. Stängel aufrecht, kahl, nur im Blütenstand verzweigt, bricht leicht. Blätter wechselständig, stehen fast waagerecht ab, kahl, 5–8 cm lang, bis 1,5 cm breit, lanzettlich.

BLÜTEN

Flache Blütenkörbchen 2,5–4 cm breit, einzeln oder zu 2–5 in traubigen Dolden an den Stängelenden. Weibliche Randblüten zungenförmig, Röhrenblüten zwittrig, alle goldgelb, 5 cm lang.

INSEKTENBONUS

Hauptsächliche Bestäuber sind Bienen und Grabwespen, daneben aber auch Schwebfliegen.

VORKOMMEN

Gerne auf kalkhaltigen Böden in Halbtrockenrasen und Flachmooren. Fehlt im nördlichen Tiefland westlich der Elbe. Meist in den Mittelgebirgen, in den Alpen kaum über 1000 m Höhe.

TIPP FÜR DEN GARTEN

Für den Wildblumengarten sehr zu empfehlen. Ähnlich zu bewerten sind die nahen Verwandten Wiesen-Alant *(Inula britannica)*, Dürrwurz-Alant *(I. conyza)* und der stattliche, besonders dekorative Echte Alant *(I. helenium)* als früher häufig genutzte Aroma- und Arzneipflanze mit 8 cm breiten Blütenköpfen.

GEWÖHNLICHE WUCHERBLUME, WIESEN-MARGERITE

LEUCANTHEMUM VULGARE
Korbblütengewächse Asteraceae

Blütezeit	Mai–Oktober
Tracht	Sommer- und Frühherbsttracht
Nektarwert	mittel
Pollenwert	mittel

STECKBRIEF

Formenreiche, mehrjährige Pflanze ohne Milchsaft, 20–90 cm hoch. Stängel aufrecht, meist unverzweigt, fest, leicht kantig. Blätter wechselständig, spatelförmig, zur Basis grob gezähnt.

BLÜTEN

Flache Blütenkörbchen 4–6 cm breit, einzeln endständig. Randliche Zungenblüten 20–25, weiß, zentrale Röhrenblüten etwa 350, goldgelb.

INSEKTENBONUS

Reicher Besuch von Bienen, Hummeln, Schwebfliegen, Käfern und Schmetterlingen.

VORKOMMEN

Wiesen, Halbtrockenrasen, Wegränder, Äcker, Brachen, Gebüschsäume, Gärten, gerne auf nährstoffreichen Böden. Oft in Neueinsaaten an Straßenrändern enthalten. In Europa weit verbreitet und überall häufig. In Australien und Nordamerika eingebürgert. Häufig in Sorten angepflanzt.

TIPP FÜR DEN GARTEN

Dekorative Art für den Wildblumengarten. Ökologisch gleichwertig sind die großblumigen Sorten, die man häufig im Angebot von Staudengärtnereien findet. Eine empfehlenswerte und sehr schmucke Art für sonnige, offene Stellen ist auch die einjährige und goldgelb blühende Saat-Wucherblume *(Chrysanthemum segetum)*.

SCHLITZBLÄTTRIGER SONNENHUT

RUDBECKIA LACINIATA
Korbblütengewächse Asteraceae

Blütezeit	Mai–Oktober
Tracht	Sommer- und Frühherbsttracht
Nektarwert	hoch
Pollenwert	mittel

STECKBRIEF

Formenreiche, mehrjährige Pflanze mit Ausläufern, 80–120 cm hoch. Stängel aufrecht, fast kahl. Untere Blätter gestielt, die oberen eher sitzend, kahl, handförmig 5- bis 7-teilig, nach oben einfacher und nur noch 3-teilig.

BLÜTEN

Flache Blütenköpfe 6–8 cm breit, lang gestielt, endständig oder in den oberen Blattachseln, hellgelb, zentrale Scheibe etwas kegelig und grünlich. Bei der Wildform hängen die Randblüten herab. Hüllblätter eiförmig, spitz, kahl.

INSEKTENBONUS

Gewöhnlich reicher Besuch von Hautflüglern, Schwebfliegen und Schmetterlingen.

VORKOMMEN

Stammt aus Südkanada und dem Osten der USA, dort an Flussufern, in Auen und in Sümpfen. In Europa seit 1622, stellenweise verwildert. Häufig in Sorten in Parkanlagen und Gärten verwendet.

TIPP FÜR DEN GARTEN

Alte Bauerngartenpflanze. Neben etlichen weiteren und nicht immer einfach zu unterscheidenden Arten der Gattung *(R. fulgida, R. maxima, R. hirta, R. grandiflora)* für Sommerblumenbeete als Gruppenpflanzung zu empfehlen. In die nähere Verwandtschaft gehört auch die bewährte Arzneipflanze Roter Scheinsonnenhut *(Echinacea purpurea)* mit blütenökologisch ähnlichem Profil.

JAKOBS-KREUZKRAUT

SENECIO JACOBAEA
Korbblütengewächse Asteraceae

Blütezeit	Juni–Oktober
Tracht	Sommer- und Frühherbsttracht
Nektarwert	mittel
Pollenwert	mittel

STECKBRIEF

Zwei- bis mehrjährige Pflanze ohne Milchsaft, 30–120 cm hoch. Stängel aufrecht, kantig, oft bräunlich, erst im Blütenstand ästig verzweigt. Blätter wechselständig, tief fiederteilig mit zipfligen Öhrchen, Zipfel nach vorne etwas verbreitert, unterseits behaart, oberseits fast kahl, dunkelgrün. Durch Pyrrolizidin-Alkaloide giftig, auch für Weidetiere.

BLÜTEN

Flache Blütenkörbchen 1,7–2 cm breit, gelb, zahlreich in ebener Doldenrispe, mit 11–15 Zungenblüten (können auch fehlen) und etwas mehr Röhrenblüten. Außenhülle mit 1–2 Blättern.

INSEKTENBONUS

Wegen der relativ langen Blütezeit eine vielversprechende Trachtpflanze für Bienen und Falter. Von den Blättern ernährt sich die schwarzgelb gemusterte Raupe des Jakobskrautbären *(Tyria jacobaeae)*. Diese kann die aufgenommenen Giftstoffe schadlos speichern und wird ihrerseits passiv giftig.

VORKOMMEN

Trockenwiesen, Gebüsche, Brachen, Wege. In Europa fast überall häufig. Hat sich in den letzten Jahren stark ausgebreitet und wird wegen seiner Giftigkeit vor allem von Landwirten kritisch bewertet. Ist kein invasiver Neophyt, sondern eine heimische Art.

TIPP FÜR DEN GARTEN

Die Art ist in der Kulturlandschaft häufig genug. Man kann sie allenfalls als dekorativen Zaungast dulden.

233

BLÜTEN

Blütenkörbchen 1–2 cm breit, gelb, zahlreich in schlanker Traube oder Rispe, meist mit 6–12 ausgebreiteten Zungenblüten und etwa ebenso vielen Röhrenblüten, wesentlich größer als bei den neophytischen Arten.

INSEKTENBONUS

Bienen, Hummeln, Schwebfliegen und Schmetterlinge kommen als Bestäuber.

VORKOMMEN

Trockengebüsche, lichte Wälder, Böschungen, Magerrasen, Brachen, Weiden, Bergwiesen, bevorzugt auf trockenem, aber tiefgründigem Boden. In Europa ohne den Mittelmeerraum weit verbreitet, in Deutschland stellenweise nur zerstreut, im Bergland bis etwa 2500 m. Alte Heilpflanze. Einzige heimische Art der Gattung.

ECHTE GOLDRUTE

SOLIDAGO VIRGAUREA
Korbblütengewächse Asteraceae

Blütezeit	Juli–Oktober
Tracht	Sommer- und Frühherbsttracht
Nektarwert	hoch
Pollenwert	mittel

STECKBRIEF

Formenreiche, mehrjährige, tief wurzelnde Pflanze ohne Milchsaft und ohne Ausläufer, 20–100 cm hoch. Stängel aufrecht, nur wenig verzweigt, kahl oder zerstreut behaart, häufig bräunlich überlaufen. Blätter wechselständig, länglich elliptisch, zugespitzt, gekerbt, verschmälern sich an der Basis in den wenig geflügelten Blattstiel, obere Blätter sitzend und zunehmend glattrandig.

Tipp für den Garten

Die bisher für Wildpflanzengärten noch wenig beachtete Art ist absolut gartentauglich. Die beiden nordamerikanischen Verwandten Kanadische Goldrute *(Solidago canadensis)* und Riesen-Goldrute *(S. gigantea)* stehen als invasive Arten in der Schweiz auf der Schwarzen Liste. Sie sollten bzw. dürfen in Privatgärten nicht angepflanzt werden.

RAINFARN

TANACETUM VULGARE
Korbblütengewächse Asteraceae

Blütezeit	Juli–September
Tracht	Hochsommer- und Frühherbsttracht
Nektarwert	mittel
Pollenwert	mittel

STECKBRIEF

Mehrjährige, wintergrüne Pflanze ohne Milchsaft, 60–120 cm hoch. Stängel aufrecht, kräftig, gerillt, nur im Blütenstandbereich verzweigt. Blätter wechselständig, farnartig fiederteilig, Fiedern gesägt, im Umriss breit oval, an sehr sonnigen Standorten senkrecht gestellt und nach Süden gerichtet (Kompassfunktion). Leicht bis mäßig giftig.

BLÜTEN

Blütenkörbchen 0,5–1 cm breit, zu mehreren in Doldenrispe, immer ohne Zungenblüten, die etwa
100 Röhrenblüten gelb und alle zwittrig. Duften
beim Zerreiben aromatisch. In Mitteleuropa mehrere
chemische Rassen mit deutlich unterschiedlichen
Duftnoten.

INSEKTENBONUS

Wegen der kurzen Kronröhren ist das Nektarangebot leicht zugänglich. Entsprechend reichlich ist der
Besuch durch viele verschiedene Kleininsekten.

VORKOMMEN

Brachen, Säume («Raine»), Wegränder, Dämme,
Ufer. In Europa ziemlich häufig. In den Alpen bis
etwa 1000 m. Heute weltweit verschleppt.

TIPP FÜR DEN GARTEN

Wegen der früheren medizinischen Verwendung
eine alte Bauerngartenpflanze. Für eine dekorative
Gruppenpflanzung empfehlenswert, ebenso das
mit weißen Zungenblüten ausgestattete und intensiv nach Kampfer duftende Mutterkraut (Tanacetum
parthenium).

LÖWENZAHN, KUHBLUME

TARAXACUM OFFICINALE
Korbblütengewächse Asteraceae

Blütezeit	April–Juli (September)
Tracht	vor allem Frühjahrstracht
Nektarwert	hoch
Pollenwert	sehr hoch

STECKBRIEF

Mehrjährige, überaus formenreiche (daher als Sammelart aufgefasste) Rosettenpflanze mit Milchsaft. Alle Blätter grundständig, gelappt, grob gesägt, fiederspaltig oder gezähnt, kahl, hell- bis mittelgrün. Für Mitteleuropa wurden bislang (sinnvollerweise?) mehr als 200 Kleinarten beschrieben.

BLÜTEN

Flach ausgebreitete Blütenkörbchen 3–6 cm breit, einzeln endständig auf 10–50 cm hohem, rötlichem, hohlem Schaft, gelb. Blütenstand entwickelt sich innerhalb kurzer Zeit zur «Pusteblume»: Die kleinen Fallschirmflieger haben bei mäßiger Luftverwirbelung eine theoretische Reichweite von etwa 20 km.

INSEKTENBONUS

Bemerkenswert ergiebige Trachtpflanze für Bienen und ökologisch ungleich wertvoller als ein monotoner Zierrasen. Etwa 125 000 Blütenköpfe ergeben 1 kg Honig.

VORKOMMEN

Fettwiesen, Weiden, Wegränder, Äcker, lichte Wälder, alpine Matten. Durch veränderte Grünlandwirtschaft stark gefördert.

TIPP FÜR DEN GARTEN

In unmittelbarer Nachbarschaft von Fettwiesen und -weiden ist es nur eine Frage der Zeit, bis sich auch auf den Gartenbeeten und -wiesen Löwenzahn ansiedelt. Jetzt ist Toleranz angesagt: Die Pflanze ist vor allem im Frühjahr eine wertvolle Bereicherung. Das weitere Aussamen lässt sich durch rechtzeitiges Entfernen der reifenden Köpfe verhindern.

Huflattich

TUSSILAGO FARFARA
Korbblütengewächse Asteraceae

Blütezeit	März–April
Tracht	Frühjahrstracht
Nektarwert	mittel
Pollenwert	hoch

STECKBRIEF

Mehrjährige Rhizompflanze ohne Milchsaft, mit langen, weißen Ausläufern. Alle Blätter grundständig, rundlich herzförmig, entwickeln sich erst nach der Blüte, 10–30 cm lang und fast ebenso breit, im Umriss etwas eckig, unterseits graufilzig. Blütenschaft 5–15 cm hoch. Die Gattung umfasst weltweit nur diese eine Art. Alte Heilpflanze, wegen der enthaltenen Pyrrolizidin-Alkaloide heute in Hustenbonbons nur noch zurückhaltend angewendet.

BLÜTEN

Ausgebreitete Blütenkörbchen 2–2,5 cm breit. Ungewöhnliche Geschlechterverteilung: Die oft mehr als 100 randlichen Zungenblüten sind weiblich, die rund 40 Röhrenblüten männlich. Alle Blüten hellgelb. Nur bei Sonnenschein geöffnet, schließen abends.

INSEKTENBONUS

Wegen des frühen Blühtermins wichtige Erstlingsnahrung für Honigbienen und Hummeln sowie für Schmetterlinge, die als Imago überwintert haben (Zitronenfalter, Tagpfauenauge, Kleiner Fuchs).

VORKOMMEN

Ausgeprägte Pionierpflanze der Schuttstellen, Brachen, Wegränder, Bahndämme, Steinbrüche und Kiesgruben, auch in lichten Wäldern. Fast überall in Europa häufig.

TIPP FÜR DEN GARTEN

Interessante Pflanze für Wildpflanzengärten, wegen der weit reichenden Ausläufer allerdings sehr ausbreitungsfreudig.

Schwarzer Holunder

SAMBUCUS NIGRA
Moschuskrautgewächse Adoxaceae

Blütezeit	Mai–Juli
Tracht	Sommer- und Frühherbsttracht
Nektarwert	kein
Pollenwert	mittel

Steckbrief

Sommergrüner, breitbuschiger Großstrauch, 3–7 m hoch, seltener auch bis 9 m hoher, kleiner Baum mit krummem, rauborkigem Stamm. Äste und Zweige aufrecht oder bogig nach außen überhängend. Zweige mit zahlreichen, großen, länglichen Korkwarzen (Rindenporen, Lentizellen) und weißem Mark. Blätter gegenständig, lang gestielt, 10–25 cm lang, an der Basis mit länglichen, von Nebenblättern abzuleitenden, grünen Nektardrüsen, 5- bis 7-zählig unpaarig gefiedert, beim Zerreiben von besonderem Aroma. Die Winterknospen weisen eigenartigerweise keine schützenden Knospenhüllen auf. Daher stehen die bereits im Frühherbst fertigen Blattanlagen während der kalten Jahreszeit immer halb geöffnet im Freien. Steinfrüchte (in Norddeutschland Fliederbeeren genannt) kugelig, 3–4 mm dick, auf hellroten Fruchtstielen, schwarzrot mit purpurrotem Saft, essbar.

Blüten

Scheibenförmige, flache Blüten klein, cremeweiß, zahlreich in großen, flach ausgebreiteten, bis 8 cm messenden Schirmrispen, mit starkem, angenehmem Duft. Der Pollen kann in gewissem Maße Allergien hervorrufen.

Insektenbonus

Die Bestäubung erfolgt überwiegend durch Fliegen und Käfer.

Vorkommen

Waldränder, Feldgehölze, Ufern und Zäune, Feldscheunen, Ruinen- und Abraumgelände, Bahndämme, Böschungen. Siedlungsfolger, insofern auch zuverlässiger Stickstoffzeiger.

Tipp für den Garten

Nachdrücklich empfehlenswerte Art für den naturnahen Garten. Die reifen Früchte werden sehr gerne von Vögeln geerntet, auch von Singvogelarten wie Rotkehlchen oder Grasmücken, die sich im Frühsommer fast ausschließlich von Insekten ernähren. Vögel besorgen auch die Verdauungsverbreitung der Art. Stark gewöhnungsbedürftig ist die neuerliche, auf molekularen Daten basierende Zuordnung zu den Moschuskrautgewächsen (vorher: Geißblattgewächse/Caprifoliaceae).

GEWÖHNLICHER SCHNEEBALL

VIBURNUM OPULUS
Moschuskrautgewächse Adoxaceae

Blütezeit	Mai–Juni
Tracht	Frühsommertracht
Nektarwert	hoch
Pollenwert	mittel

STECKBRIEF

Sommergrüner Wildstrauch, 1–4 m hoch. Blätter gegenständig, 2–3 cm lang gestielt, im Umriss breit oval, 3- bis 5-lappig, bis 10 cm lang und 8 cm breit, ungleichmäßig gezähnt, oberseits dunkelgrün und kahl, unterseits graugrün und schwach behaart, im Herbstaspekt tief weinrot. Blattstiele mit wulstigen, grünen Nektardrüsen. Steinfrüchte leuchtend rot, schwach giftig.

BLÜTEN

Blüten zahlreich in endständigen, bis 10 cm breiten Schirmrispen. Randblüten mit großer, sternförmiger, bis 2,5 cm breiter, ungleich lappiger Krone, immer steril. Zentralblüten kleiner, mit glockiger, nur 3–4 mm breiter Krone und fertil. Die großen, sterilen Randblüten der Wildform lassen den Blütenstand als Superblume erscheinen.

INSEKTENBONUS

Die Blätter werden häufig von den Larven des Schneeball-Blattkäfers löcherig zerfressen.

VORKOMMEN

Feuchtezeiger: Halbschattige Gebüschsäume, Waldränder, Auengebüsche, Bachufer, Wegsäume, Feldholzinseln. In Europa vom Tiefland bis in die Gebirgsstufe, in den Alpen bis 1700 m, ferner Nordafrika, Nord- und Westasien. Häufig in Sorten in Gärten.

TIPP FÜR DEN GARTEN

Empfehlenswertes Gehölz für Mischhecken an der Gartengrenze. Die Früchte werden als Wintersteher von Vögeln oft erst im Frühjahr geerntet.

ROTE SPORNBLUME

CENTRANTHUS RUBER
Geißblattgewächse Caprifoliaceae

Blütezeit	Mai–Juli
Tracht	Frühsommertracht
Nektarwert	hoch
Pollenwert	mittel

STECKBRIEF

Mehrjährige Pflanze, 20–70 cm hoch. Stängel aufrecht, rund, kahl, unverzweigt oder wenig verzweigt. Blätter gegenständig, am Grund gestielt, am Stängel sitzend, Spreite 1–4 cm breit und 3–8 cm lang, bläulich grün, glattrandig oder undeutlich gezähnt.

BLÜTEN

Stieltellerartige Blüten zahlreich in dichten, rispigen, in mehreren Etagen angeordneten Blütenständen. Krone rosarot, selten auch weiß (Bild oben rechts), in 5 etwas ungleich große, 2–3 mm lange Zipfel geteilt. Kronröhre sehr eng, mit etwa 2 mm langem, seitlich abzweigendem Sporn. Aus dem Kelch entwickelt sich der federig verzweigte Flugapparat der Früchte.

243

INSEKTENBONUS

Wird vor allem aufgrund des Nektarangebots von Hautflüglern, Schwebfliegen und Schmetterlingen (auch Nachtfaltern) besucht.

VORKOMMEN

Felsspalten, Mauern, Steinschuttfluren, Gärten. Stammt aus den Küstengebieten Süd- und Westeuropas. In Mitteleuropa meist aus Gartenkultur verwildert, in den Weinbauregionen stellenweise eingebürgert.

TIPP FÜR DEN GARTEN

Für Steingärten und Mauern eine dekorative und unbedingt empfehlenswerte Art.

Echter Baldrian

VALERIANA OFFICINALIS
Geißblattgewächse Caprifoliaceae

Blütezeit	Juni–August
Tracht	Sommertracht
Nektarwert	hoch
Pollenwert	mittel

Steckbrief

Formenreiche, mehrjährige, meist stattliche Pflanze mit kurzen Ausläufern, bis 150 cm hoch. Stängel aufrecht, etwas furchig, im Blütenstandbereich verzweigt. Blätter gegenständig, unpaarig gefiedert, Fiedern glattrandig oder gesägt.

Blüten

Blüten zahlreich in halbkugeligen, rispigen Scheindolden am Stängelende oder in den oberen Blattachseln, zwittrig oder nur weiblich. Kronen 2–4 mm breit, weiß oder rosa. Duften angenehm. Die Nektardrüsen befinden sich in einer Aussackung der engen Kronröhre.

Insektenbonus

Im Allgemeinen reicher Besuch von Schwebfliegen, Bienen und Tagfaltern.

Vorkommen

Wiesen, Waldränder, Gebüsche, Ufer, Gräben, Staudenfluren, bevorzugt auf feuchten Böden. In Europa weit verbreitet.

Tipp für den Garten

Leicht und dauerhaft im Wildpflanzengarten anzusiedeln. Wegen des Insektenbonus auf jeden Fall empfehlenswert, außerdem als Hochstaude recht dekorativ. Pflanzgut bieten die meisten Staudengärtnereien an. Der in Nutzgärten häufig kultivierte Feldsalat oder Rapünzchen (*Valerianella locusta* und – evtl. – andere Arten) gehört zur gleichen Pflanzenfamilie.

WILDE KARDE

DIPSACUS FULLONUM (DIPSACUS SYLVESTRIS)
Geißblattgewächse Caprifoliaceae

Blütezeit	Juli–August
Tracht	Hochsommertracht
Nektarwert	hoch
Pollenwert	mittel

STECKBRIEF

Zweijährige, stattliche Pflanze, 80–180 cm hoch. Stängel aufrecht, bestachelt, meist erst im oberen Teil verzweigt. Grundblätter rosettig, Stängelblätter gegenständig und an der Basis tütenförmig verwachsen, bilden insofern kleine Wassersammelbecken (Phytotelmen), die als Aufkriechschutz gegen Ameisen gedeutet werden.

BLÜTEN

Walzen- bis eiförmige Blütenkörbe, bis etwa 5 cm lang und 3 cm dick, von stachelspitzigen Hochblättern umstellt. Blüten lila, vormännlich, zahlreich in einer eiförmigen, dichten Ähre, blühen – von der Mitte ausgehend – ringweise zu den Enden fortschreitend auf. Kronröhre etwa 1 cm lang, sehr eng.

INSEKTENBONUS

Der in die engen Kronröhren abgegebene Nektar ist nur für langrüsselige Hummeln und Schmetterlinge (auch Nachtfalter) erreichbar.

VORKOMMEN

Hochstaudenfluren, Brachen, Wegränder, Böschungen. Vor allem in Mittel- und Südeuropa, im Norden selten. Mitunter als Zierpflanze in Gärten.

TIPP FÜR DEN GARTEN

Interessante und dekorative Art für den Wildpflanzengarten. Benötigt – da sehr ausbreitungsfreudig – allerdings ein wenig Kontrolle. Die Fruchtstände eignen sich für Trockensträuße. Im Winter werden sie zur Fruchternte gerne von Finken aufgesucht. Alte, technische Nutzpflanze – diente seinerzeit zum Auskämmen des kurzhaarigen Webgutes, daher auch Weberkarde genannt.

ACKER-WITWENBLUME

KNAUTIA ARVENSIS
Geißblattgewächse Caprifoliaceae

Blütezeit	Juni–August
Tracht	Sommertracht
Nektarwert	hoch
Pollenwert	mittel

STECKBRIEF

Mehrjährige, sommergrüne, 30–100 cm hohe Rhizompflanze. Stängel aufrecht, wenig verzweigt, behaart. Grundblätter einfach, Stängelblätter dagegen tief fiederteilig, graugrün.

BLÜTEN

Blüten in lang gestielten, halbkugeligen, bis 4 cm breiten Köpfen, erinnern im Aufbau an die Körbchen der Asteraceae, vormännlich. Kronen hell- bis blauviolett, 4-zipfelig, Zipfel bei Randblüten stark vergrößert. Kronröhre etwa 8 mm lang. Neben Pflanzen mit zwittrigen Blüten gibt es auch solche mit rein weiblichen.

INSEKTENBONUS

Planmäßige Bestäuber sind Honig- und Wildbienen sowie zahlreiche Schmetterlinge, darunter die fast immer anzutreffenden Widderchen (Blutströpfchen) der Gattung *Zygaena*.

VORKOMMEN

Lehm anzeigende und Wärme liebende Pflanze auf Wiesen, Trockenrasen und Rainen. In den Alpen bis etwa 1000 m. In Europa fast überall, in Mitteleuropa weit verbreitet und gebietsweise häufig.

TIPP FÜR DEN GARTEN

Eignet sich hervorragend für Wildblumengärten und erscheint in ihrer Bedeutung besonders für die Schmetterlinge sehr förderungswürdig. Ansiedlung durch Aussaat.

Tauben-Skabiose

SCABIOSA COLUMBARIA
Geißblattgewächse Caprifoliaceae

Blütezeit	Juni–Oktober
Tracht	Sommer- und Frühherbsttracht
Nektarwert	mittel
Pollenwert	mittel

Steckbrief

Formenreiche, tief wurzelnde, mehrjährige Pflanze, 20–60 cm hoch, mit aufrechtem, verzweigtem, wenig behaartem Stängel. Stängelblätter gegenständig, fiederteilig mit schmal linealischen Zipfeln. Grundblätter meist viel einfacher und nur gekerbt.

Blüten

Flach bis schirmförmig ausgebreitete Körbchen mit strahlenden Randblüten, 2–3,5 cm breit. Kronen lila bis blauviolett, 5-zipflig. Kelchborsten schwarz. Am Blütenstandboden spelzenartige Spreublätter vorhanden (wichtiger Unterschied zu den diversen Vertretern der ähnlichen Gattung *Knautia*).

Insektenbonus

Besonders attraktive Pflanze für verschiedene Schmetterlinge, u. a. Schachbrettfalter und Widder-chen (Blutströpfchen). Der in der modernen Kulturlandschaft allenthalben zu beklagende Rückgang bestimmter Schmetterlinge hängt eng mit dem aktuellen Verbreitungsbild dieser Art zusammen.

Vorkommen

Trockenrasen, Wiesen, Kiefernwälder, Gebüsche, Böschungen, Dämme. Mittel- und Südeuropa, in Österreich und der Schweiz verbreitet, in Deutschland vor allem im südlicheren Teil, im nördlichen Tiefland dagegen selten bis fehlend.

Tipp für den Garten

Unbedingt förderungswürdige Art und für den Wildblumengarten bestens geeignet. Ansiedlung durch Aussaat.

TEUFELSABBISS

SUCCISA PRATENSIS
Geißblattgewächse Caprifoliaceae

Blütezeit	Juli–September
Tracht	Spätsommer- und Frühherbsttracht
Nektarwert	sehr hoch
Pollenwert	hoch

STECKBRIEF

Mehrjährige Rhizompflanze, bis 1 m hoch. Stängel aufrecht oder aufsteigend. Blätter gegenständig, glattrandig, oval-elliptisch bis lanzettlich. Alte Heilpflanze, heute jedoch nicht mehr von Bedeutung.

BLÜTEN

Blüten in halbkugeligen, bis 2 cm breiten Köpfchen mit rund 50–80 Einzelblüten. Randblüten nicht vergrößert. Kronen blauviolett, gelegentlich auch rosa oder weiß. Neben den häufigeren zwittrigen Exemplaren gibt es auch rein weibliche Pflanzen.

INSEKTENBONUS

Im Allgemeinen reicher Besuch von Bienen, Schwebfliegen und Schmetterlingen.

VORKOMMEN

Wiesen, Niedermoore, Heiden, vor allem im Bergland, aber auch in küstennahen Braundünen, in den Alpen allerdings nur bis etwa 1000 m. In Europa weit verbreitet, in Mitteleuropa jedoch stellenweise selten durch Standortzerstörung (Entwässerung).

TIPP FÜR DEN GARTEN

Unbedingt förderungswürdige Art für den Wildpflanzengarten. Ansiedlung durch Aussaat. Die Kultur ist einfach. Saatgut gibt es bei Wildpflanzengärtnereien im Internet.

BLÜTEN

Lippenförmige Blüten zu mehreren in endständiger Dolde. Krone 2-lippig, bis 6 cm lang, vor der Öffnung rötlich, nach dem Aufblühen gelb, dunkelt mit der Bestäubung deutlich nach. Kronröhre mit rund 4 cm ziemlich lang. Staubblätter und Griffel so lang wie der Kronsaum. Blüten öffnen sich abends gegen 19 Uhr.

INSEKTENBONUS

Besonders gegen Abend duften die dekorativen Blüten intensiv. Sie werden vorzugsweise von langrüsseligen Nachtfaltern (vor allem von Schwärmer-Arten) besucht und bestäubt.

VORKOMMEN

Hecken, Gebüschsäume, Waldränder, Schlagfluren, Heiden, Braundünen. Erträgt auch Beschattung. In Europa von Südskandinavien bis in den Mittelmeerraum weit verbreitet, auch in Nordafrika. Häufig als Ziergehölz angepflanzt.

TIPP FÜR DEN GARTEN

Für den insektenfreundlichen Garten ist auch das Garten-Geißblatt *(Lonicera caprifolium)* sehr empfehlenswert.

WALD-GEISSBLATT

LONICERA PERICLYMENUM
Geißblattgewächse Caprifoliaceae

Blütezeit	Mai–September
Tracht	Sommer- und Frühherbsttracht
Nektarwert	hoch
Pollenwert	mittel

STECKBRIEF

Sommergrüner, rechtswindender, tief wurzelnder und lianenartiger Schlingstrauch, reich verzweigt und ziemlich dichtlaubig, 4–5 m hoch. Blätter sitzend, 4–6 cm lang, spitz oder leicht gerundet, breit länglich oval, ohne gegenseitige Verwachsungen, oberseits dunkelgrün, unterseits bläulich. Doppelbeeren kugelig, oft ungleich groß, hochrot, glänzend, schwach giftig,

Weisse Schneebeere

SYMPHORICARPOS ALBUS
Geißblattgewächse Caprifoliaceae

Blütezeit	Juni–September
Tracht	Sommer- und Frühherbsttracht
Nektarwert	hoch
Pollenwert	gering

STECKBRIEF

Sommergrüner Strauch mit Ausläufern, 1–2 m hoch. Triebe fein behaart. Zweige dünn, schwach kantig, markig oder hohl, hängen bogig über. Blätter gegenständig, kurz gestielt, 4–6 cm lang und bis 4 cm breit, an Langtrieben oft deutlich größer, rundlich elliptisch, oberseits dunkelgrün, unterseits heller bläulich grün. Beerenartige Steinfrüchte mit schwammigem Fruchtfleisch, kugelig, ungleich groß, 1–1,5 cm dick, weiß, ungenießbar, giftverdächtig.

BLÜTEN

Kleine, glockige, schwach zygomorphe Blüten zu mehreren in achsel- oder endständigen Ähren. Krone 4–6 mm lang, glockig, weißlich oder rötlich. Den Nektar sondern Drüsenfelder auf der Innenseite der Kronröhre ab.

INSEKTENBONUS

Trotz der kleinen und eher unauffälligen Blüten eine bemerkenswert ergiebige Trachtpflanze. Wird gerne von Bienen, Wespen und Schwebfliegen besucht.

VORKOMMEN

Heimisch in Nordamerika von Quebec bis Alaska, südlich bis Arizona. Erst seit Beginn des 20. Jahrhunderts häufig als Parkgehölz und auf Friedhöfen angepflanzt, stellenweise verwildert und eingebürgert.

TIPP FÜR DEN GARTEN

Die am meisten verwendete und reichblütige Gartenform mit völlig kahlen Blättern und größeren Früchten (auch «Knallerbsen» genannt) gehört einer Varietät an, die man gelegentlich als eigene Art *Symphoricarpos rivularis* auffasst.

GEWÖHNLICHER EFEU

HEDERA HELIX
Efeugewächse Araliaceae

Blütezeit	August–Oktober
Tracht	Spätsommer- und Frühherbsttracht
Nektarwert	sehr hoch
Pollenwert	hoch

STECKBRIEF

Immergrüner, kriechender oder mit Haftwurzeln
kletternder Strauch, bis etwa 20 m hoch, buschig
verzweigt, mit überhängenden Zweigen. Blätter an
nicht blühenden Trieben 3- bis 5-lappig, herzförmig,
oberseits glänzend dunkelgrün mit weißlichem
Adernetz, an blühenden Trieben dagegen eher rautenförmig bis elliptisch, spitz, glänzend dunkelgrün
ohne Zeichnung, im Winter oberseits schwarzgrün,
unterseits rötlich. Beerenfrüchte kugelig, vorne
abgeplattet, mattschwarz, giftig.

BLÜTEN

Scheibenförmige Blüten 5-zählig, unscheinbar klein,
zahlreich in kopfigen, gestielten halbkugeligen Dolden. Kronen gelblich grün, zwischen Staubblättern
und Griffel ein breiter Ring, der reichlich Nektar
absondert. Blüht nur an gut besonnten Wuchsplätzen.

INSEKTENBONUS

Der ungewöhnlich späte Blühtermin sichert Insekten auch im Herbst eine ergiebige Tracht. Wichtige

Bienenfutterpflanze, wird auch von Schwebfliegen, Wespen und Schmetterlingen besucht.

Vorkommen

Wälder und Gebüsche, Auengehölze, Steinbrüche und Ruinen, Friedhöfe und Gärten. In West-, Mittel- und Südeuropa von der Ebene bis in mittlere Gebirgslagen (etwa 1800 m) weit verbreitet, im Norden nur bis Südschweden.

Tipp für den Garten

Zur Mauerbegrünung empfehlenswert. Die Früchte werden von Singvögeln verzehrt.

Zaun-Giersch

AEGOPODIUM PODAGRARIA
Doldenblütengewächse Apiaceae

Blütezeit	Juni–Juli
Tracht	Sommertracht
Nektarwert	mittel
Pollenwert	mittel

STECKBRIEF

Mehrjährige, bis 100 cm hohe Pflanze mit langen, tief kriechenden, unterirdischen Ausläufern. Stängel kantig gefurcht, hohl, verzweigt. Blätter doppelt 3-zählig gefiedert, Fiedern oval, gezähnt, bis 4 cm breit und 10 cm lang, mitunter asymmetrisch, matt bläulich grün.

BLÜTEN

Kleine, scheibenförmige, eher unauffällige Blüten, zahlreich in zusammengesetzten Dolden mit 10–18 Strahlen, ohne Hülle und Hüllchen. Kronen um 3 mm breit, reinweiß oder selten etwas rötlich.

INSEKTENBONUS

Wird von Fliegen und kleinen Hautflüglern besucht.

VORKOMMEN

Waldränder, Gebüsche, Zäune, gerne auf nährstoffreichen Böden. Baut rasch individuenreiche Bestände auf. Überall in Europa häufig. Im Gebirge bis 1800 m.

TIPP FÜR DEN GARTEN

Von der Ansiedlung im Garten sollte man absehen, da die Art durch vegetative Vermehrung außerordentlich ausbreitungsfreudig ist. Bringt Hobbygärtner zur Verzweiflung. Allenfalls als dichter Unterwuchs für Sträucher im Randbereich tolerabel. Erträgt Schatten.

Dill

ANETHUM GRAVEOLENS
Doldenblütengewächse Apiaceae

Blütezeit	Juni–August (Oktober)
Tracht	Sommer- und Frühherbsttracht
Nektarwert	mittel
Pollenwert	mittel

Steckbrief

Einjähriges, 40–120 cm hohes Kraut. Stängel aufrecht, meist unverzweigt, fein weißlich längsstreifig und – im Unterschied zum ähnlich aussehenden Fenchel – immer röhrig. Blätter mehrfach fiederschnittig, mit schmalen Zipfeln. Duften beim Zerreiben angenehm und spezifisch.

Blüten

Kleine, scheibenförmige Blüten mit goldgelber, 2–3 mm breiter Krone, zahlreich in zusammengesetzter Dolde mit meist etwa 30–50 Doldenstrahlen. Den Nektar produziert das rundliche Griffelpolster.

Insektenbonus

Erwähnenswerte Trachtpflanze für kleine Hautflügler einschließlich Honigbienen, Schwebfliegen und Käfer.

Vorkommen

Stammt aus dem östlichen Mittelmeergebiet. Kam erst zur Zeit der Karolinger über Klostergärten nach Mitteleuropa. Meist nur in Gärten. Verwildert an sonnigen, trockenwarmen Stellen nur selten und unbeständig.

255

Tipp für den Garten

Traditionelle Heil- und Würzpflanze mit vielfachen kulinarischen Verwendungsmöglichkeiten. Hauptkomponente im ätherischen Öl ist das aromatisch duftende Phellandren.

WILDE ENGELWURZ

ANGELICA SYLVESTRIS
Doldenblütengewächse Apiaceae

Blütezeit	Juli–September
Tracht	Spätsommer- und Frühherbsttracht
Nektarwert	hoch
Pollenwert	mittel

STECKBRIEF

Zwei- bis mehrjährige, meist recht stattliche Pflanze, 50–200 cm hoch. Stängel aufrecht, rund und ungefurcht, hohl, weißlich bereift, nur im oberen Teil verzweigt. Blätter meist grundständig, 2- bis 3-fach gefiedert, mit großer Blattscheide, Fiedern oval, gezähnt, mattgrün.

BLÜTEN

Scheibenförmige Blüten etwa 2,5 mm breit, weiß oder rötlich, vor dem Aufblühen grünlich, zahlreich in zusammengesetzten Dolden mit 20–40 Doldenstrahlen, diese ohne Hülle, aber mit vielzähligem Hüllchen.

INSEKTENBONUS

Reicher Insektenbesuch durch Bienen, Hummeln, Wespen, Fliegen und Käfer.

VORKOMMEN

Sickernasse Wiesen, Hochstaudenfluren in Gräben, Auengrünland, Gebüschsäume, bevorzugt nährstoffreiche Böden. In Mitteleuropa weit verbreitet und häufig.

TIPP FÜR DEN GARTEN

Für den Garten bestens geeignet, verhält sich nicht invasiv. In den kräftigen, hohlen Stängeln überwintern mehrere Dutzend Kleintierarten. Man sollte die Pflanze also vom herbstlichen Aufräumen im Garten ausnehmen. Eine überaus empfehlenswerte weitere Art ist die zweijährige und zu imposanter Höhe heranwachsende Echte Engelwurz *(Angelica archangelica)*, eine der größten heimischen Stauden. Sie beansprucht allerdings viel Platz.

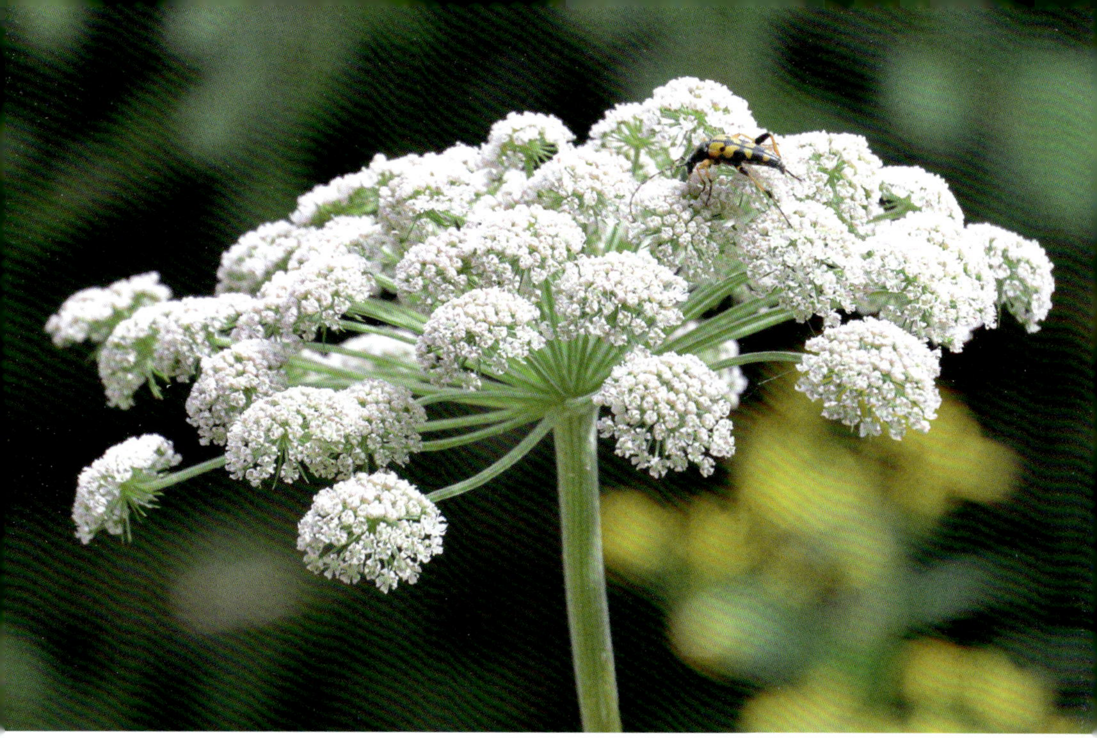

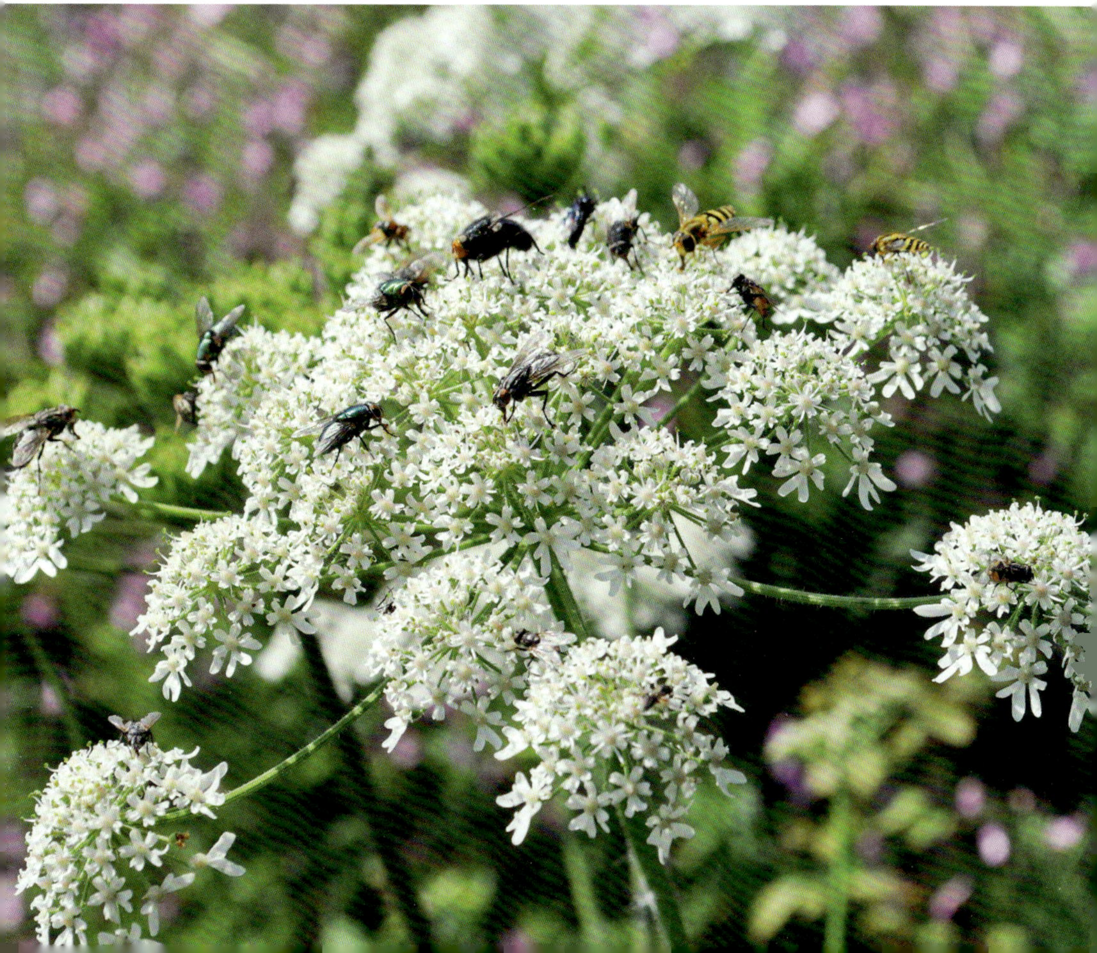

WIESEN-KERBEL

ANTHRISCUS SYLVESTRIS
Doldenblütengewächse Apiaceae

Blütezeit	April–September
Tracht	Frühsommer- bis Frühherbsttracht
Nektarwert	hoch
Pollenwert	mittel

STECKBRIEF

Formenreiche, zwei- oder mehrjährige Pflanze, 50–150 cm hoch. Stängel aufrecht, verzweigt, gerillt, kahl, nur an der Basis rau behaart, niemals rötlich gefleckt. Blätter 2- bis 3-fach gefiedert, Fiedern lanzettlich, zugespitzt, oberseits glänzend dunkelgrün, unterseits hellgrün, kahl. Duften beim Zerreiben angenehm. Der Hautkontakt mit frisch geschnittenen Pflanzenteilen kann bei empfindlichen Personen eine sogenannte Wiesendermatitis auslösen.

BLÜTEN

Scheibenförmige Blüten weiß, zahlreich in zusammengesetzten Dolden mit 8–16 Doldenstrahlen (meist) ohne Hülle, Döldchen mit 4–8 schmalen Hüllchenblättern. Im äußeren Randbereich sind die Kronblätter etwas verlängert und lassen den Blütenstand als Superblume erscheinen.

INSEKTENBONUS

Blütenbesucher sind Schwebfliegen und vor allem Käfer.

VORKOMMEN

Waldränder, Gebüsche, Säume, Böschungen, Brachen, vor allem auf nährstoffreichen Böden, auf überdüngten Wiesen massenhaft und Bestand bildend. In Mittel- und Nordeuropa weit verbreitet, in Südeuropa eher selten.

TIPP FÜR DEN GARTEN

Sofern genügend Platz zur Verfügung steht, eignet sich die Art für die Wildblumensammlung. Verhält sich nicht invasiv.

Wilde Möhre

Daucus carota
Doldenblütengewächse Apiaceae

Blütezeit	Juni–September
Tracht	Spätsommer- und Frühherbsttracht
Nektarwert	mittel
Pollenwert	mittel

Steckbrief

Formenreiche, zweijährige, tief wurzelnde, bis 90 cm hohe Pflanze. Stängel aufrecht, borstig, fest, verzweigt. Blätter mehrfach gefiedert mit schmalen Endzipfeln, duften beim Zerreiben nach Möhre.

Blüten

Scheibenförmige, kleine Blüten, zahlreich in gewölbten, zusammengesetzten Dolden mit 15–50 Strahlen. Hüllblätter sehr groß, ebenso wie die Hüllchenblätter fein fiederteilig. Zentrale «Mohrenblüte» schwarzpurpurn, übrige rein- oder cremeweiß, mitunter rötlich.

Insektenbonus

Reicher Besuch durch Fliegen und vor allem Käfer. Für Sandbienen (Gattung *Andrena*) eine wichtige Pollenquelle.

Vorkommen

Gerne auf nährstoffreichen, lockeren, steinigen Lehmböden. Kulturbegleiter. Wiesen, Halbtrockenrasen, Raine, Wegränder, Böschungen. Fast überall in Europa häufig.

259

Tipp für den Garten

Breitet sich nicht invasiv aus, kann daher im wildpflanzenfreundlichen Garten an sonnigen Stellen problemlos toleriert werden. Die reif nestförmig zusammengekrümmten Fruchtstände werden ab Frühherbst gerne von durchziehenden Kleinvögeln (vor allem Finken) aufgesucht und beerntet.

WIESEN-BÄRENKLAU

HERACLEUM SPHONDYLIUM
Doldenblütengewächse Apiaceae

Blütezeit	Juni–September
Tracht	Sommer- und Frühherbsttracht
Nektarwert	hoch
Pollenwert	hoch

STECKBRIEF

Zweijährige oder ausdauernde, kräftige Pflanze, bis
160 cm hoch. Stängel aufrecht, borstig steif behaart,
kantig gefurcht, hohl, nur im oberen Teil verzweigt.
Blätter grobschnittig gefiedert oder stark gelappt,
oberseits dicht steifhaarig, grob gezähnt, ziemlich
derb, mit auffälliger, gestreifter Blattscheide.

BLÜTEN

Scheibenförmige Blüten etwa 5 mm breit, zahlreich
in 5–15 cm breiten zusammengesetzten Dolden mit
15–30 Doldenstrahlen, Hülle fehlt bzw. höchstens
6-teilig, Hüllchenblätter dagegen zahlreich. Kronen
weiß, strahlen im Randbereich der Döldchen und
der Gesamtdolde. Den Nektar sondert ein großes
Griffelpolster im Blütenzentrum ab.

INSEKTENBONUS

Wird gerne und ausgiebig von Schwebfliegen und
Käfern (vor allem Weichkäfern) besucht. Wichtige
Pollenquelle für die Sandbienenart *Andrena rosae*.
Die hohlen Stängel sind Winterquartier für viele
Insekten.

VORKOMMEN

Fettwiesen, Wegränder, Gebüsche, Schuttstellen,
Brachen, Gärten. Zeigt Überdüngung an. Überall in
Europa verbreitet und in den meisten Gebieten sehr
häufig.

TIPP FÜR DEN GARTEN

Im Garten in einzelnen Exemplaren eine interessante Bereicherung. Dringend abzuraten ist von der
Kultur des Riesen-Bärenklaus *(Heracleum mantegazzianum),* der wegen seiner rasanten Ausbreitung
bei den Naturschützern auf der Schwarzen Liste
steht. Außerdem besteht bei Berührung Gefahr von
Hautausschlag und Brandblasen.

Balkenfarbe gleich Blütenfarbe

Pflanzenname	Seitenzahl	Januar	Februar	März	April	Mai	Juni	Juli	August	September	Oktober	November	Dezember
Gänseblümchen	213	•	•	•	•	•	•	•	•	•	•	•	•
Schneeglöckchen, Kleines	39	•	•	•									
Krokus, Frühlings-	40		•	•									
Nieswurz, Stinkende	54		•	•									
Winterling	53		•	•									
Kornelkirsche	150		•	•	•								
Seidelbast, Gewöhnlicher	140		•	•	•								
Windröschen, Busch-	50	•	•	•									
Buchsbaum	57			•	•								
Heide, Schnee-	156			•	•								
Huflattich	239			•	•								
Weide, Sal-	120			•	•								
Ahorn, Spitz-	130			•	•	•							
Immergrün, Großes	161			•	•	•							
Lerchensporn, Gefingerter	46			•	•	•							
Lungenkraut, Echtes	166			•	•	•							
Scharbockskraut	55			•	•	•							
Scheinquitte, Japanische	88			•	•	•							
Schlüsselblume, Duftende	154			•	•	•							
Ahorn, Berg-	131				•	•							
Apfelbaum, Reichblütiger	98				•	•							
Apfelbaum, Wild-	96				•	•							
Dotterblume, Sumpf-	51				•	•							
Felsenbirne, Kanadische	86				•	•							
Flieder, Gewöhnlicher	172				•	•							
Johannisbeere, Rote	58				•	•							
Kirsche, Sauer-	102				•	•							
Kirsche, Vogel-	100				•	•							
Kirschpflaume	101				•	•							
Linde, Sommer-	135				•	•							
Mahonie	48				•	•							
Nelkenwurz, Bach-	94				•	•							
Rose, Bibernell-	109				•	•							
Rose, Hecken-	107				•	•							
Rosskastanie, Gewöhnliche	132				•	•							
Schlehe	104				•	•							
Traubenkirsche, Gewöhnliche	103				•	•							
Waldmeister	160				•	•							
Weide, Silber-	119				•	•							
Bärlauch	38				•	•	•						
Berberitze, Gewöhnliche	47				•	•	•						
Gundermann	180				•	•	•						
Günsel, Kriechender	178				•	•	•						
Silberblatt, Einjähriges	144				•	•	•						
Taubnessel, Purpurrote	184				•	•	•	•	•				
Kerbel, Wiesen-	258				•	•	•	•	•	•			
Lichtnelke, Rote	147				•	•	•	•	•	•			
Löwenzahn	238				•	•	•	•	•	•			
Taubnessel, Weiße	182				•	•	•	•	•	•	•		

Pflanzenname	Seitenzahl	Januar	Februar	März	April	Mai	Juni	Juli	August	September	Oktober	November	Dezember
Ahorn, Feld-	129					•							
Raps	142					•							
Eberesche	112					•	•						
Erdbeere, Wald-	93					•	•						
Faulbaum, Pulverholz	115					•	•						
Feuerdorn	106					•	•						
Goldregen	70					•	•						
Maiglöckchen	42					•	•						
Mohn, Orientalischer	45					•	•						
Ölweide, Schmalblättrige	114					•	•						
Robinie, Gewöhnliche	78					•	•						
Schneeball, Gewöhnlicher	242					•	•						
Speierling	113					•	•						
Weißdorn, Eingriffeliger	90					•	•						
Weißdorn, Zweigriffeliger	91					•	•						
Zwergmispel, Fächer-	89					•	•						
Akelei, Gewöhnliche	49					•	•	•					
Besenginster	68					•	•	•					
Heidelbeere	158					•	•	•					
Holunder, Schwarzer	240					•	•	•					
Kronwicke, Bunte	79					•	•	•					
Rosmarin	195					•	•	•					
Schöllkraut	43					•	•	•					
Spornblume, Rote	243					•	•	•					
Braunelle, Gewöhnliche	194					•	•	•	•				
Brombeere	110					•	•	•	•				
Esparsette, Futter-	76					•	•	•	•				
Hahnenfuß, Kriechender	56					•	•	•	•				
Himbeere	111					•	•	•	•				
Hornklee, Gewöhnlicher	72					•	•	•	•				
Klee, Roter Wiesen-	81					•	•	•	•				
Nelkenwurz, Echte	95					•	•	•	•				
Ochsenzunge, Gewöhnliche	162					•	•	•	•				
Salbei, Wiesen-	198					•	•	•	•				
Steinklee, Weißer	74					•	•	•	•				
Wiesenknöterich, Schlangen-	149					•	•	•	•				
Wundklee, Gewöhnlicher	67					•	•	•	•				
Beinwell	167					•	•	•	•	•			
Flockenblume, Berg-	217					•	•	•	•	•			
Geißblatt, Wald-	250					•	•	•	•	•			
Goldnessel	185					•	•	•	•	•			
Herzgespann	187					•	•	•	•	•			
Immenblatt	189					•	•	•	•	•			
Klee, Schweden-	80					•	•	•	•	•			
Klee, Weiß-	82					•	•	•	•	•			
Labkraut, Echtes	159					•	•	•	•	•			
Melisse, Zitronen-	188					•	•	•	•	•			
Phacelie, Rainfarn-	168					•	•	•	•	•			
Rose, Runzel-	108					•	•	•	•	•			

Pflanzenname	Seitenzahl	Januar	Februar	März	April	Mai	Juni	Juli	August	September	Oktober	November	Dezember
Salbei, Echter	196					•	•	•	•	•			
Taubnessel, Gefleckte	183					•	•	•	•	•			
Wegerich, Mittlerer	175					•	•	•	•	•			
Franzosenkraut, Behaartes	226					•	•	•	•	•	•		
Margerite, Wiesen-	231					•	•	•	•	•	•		
Senf, Weißer	145					•	•	•	•	•	•		
Sonnenhut, Schlitzblättriger	232					•	•	•	•	•	•		
Storchschnabel, Stinkender	124					•	•	•	•	•	•		
Thymian, Echter	201					•	•	•	•	•	•		
Weiderich, Blut-	126					•	•	•	•	•	•		
Diptam	138						•	•					
Essigbaum	128						•	•					
Giersch, Zaun-	254						•	•					
Jungfernrebe, Gewöhnliche	66						•	•					
Kastanie, Ess-	116						•	•					
Liguster, Gewöhnlicher	171						•	•					
Linde, Winter-	134						•	•					
Stechpalme	204						•	•					
Weinrebe, Echte	64						•	•					
Alant, Weidenblättriger	230						•	•	•				
Baldrian, Echter	244						•	•	•				
Dill	255						•	•	•				
Fingerhut, Roter	173						•	•	•				
Glockenblume, Pfirsichblättrige	205						•	•	•				
Himmelsleiter	152						•	•	•				
Kugeldistel, Drüsige	223						•	•	•				
Luzerne, Saat-	73						•	•	•				
Mädesüß, Echtes	92						•	•	•				
Mauerpfeffer, Scharfer	60						•	•	•				
Storchschnabel, Wiesen-	123						•	•	•				
Wachtelweizen, Acker-	203						•	•	•				
Weidenröschen, Schmalblättriges	127						•	•	•				
Witwenblume, Acker-	246						•	•	•				
Ackerwinde	170						•	•	•	•			
Bärenklau, Wiesen-	260						•	•	•	•			
Boretsch	163						•	•	•	•			
Feinstrahl, Einjähriger	224						•	•	•	•			
Fetthenne, Weiße	61						•	•	•	•			
Fingerstrauch	99						•	•	•	•			
Hundskamille, Färber-	208						•	•	•	•			
Johanniskraut, Tüpfel-	122						•	•	•	•			
Katzenminze, Garten-	191						•	•	•	•			
Kratzdistel, Kohl-	220						•	•	•	•			
Lavendel	186						•	•	•	•			
Leinkraut, Gewöhnliches	174						•	•	•	•			
Lichtnelke, Weiße	148						•	•	•	•			
Malve, Moschus-	136						•	•	•	•			
Malve, Wilde	137						•	•	•	•			
Möhre, Wilde	259						•	•	•	•			

Pflanzenname	Seitenzahl	Januar	Februar	März	April	Mai	Juni	Juli	August	September	Oktober	November	Dezember
Natternkopf	164						•	•	•	•			
Odermennig, Gewöhnlicher	85						•	•	•	•			
Resede, Färber-	141						•	•	•	•			
Ringelblume, Gewöhnliche	214						•	•	•	•			
Schafgarbe, Gewöhnliche	207						•	•	•	•			
Schneebeere, Weiße	251						•	•	•	•			
Spargel, Gewöhnlicher	41						•	•	•				
Steinklee, Echter	75						•	•	•				
Vergissmeinnicht, Wald-	165						•	•	•				
Wicke, Vogel-	84						•	•	•	•			
Flockenblume, Wiesen-	216						•	•	•	•	•		
Hohlzahn, Bunter	179						•	•	•	•	•		
Kornblume	215						•	•	•	•	•		
Kreuzkraut, Jakobs-	233						•	•	•	•	•		
Skabiose, Tauben-	247						•	•	•	•	•		
Gilbweiderich, Gewöhnlicher	153							•	•				
Glockenblume, Acker-	206							•	•				
Karde, Wilde	245							•	•				
Mohn, Klatsch-	44							•	•				
Wegwarte	218							•	•				
Weinraute	139							•	•				
Bohnenkraut, Berg-	199							•	•	•			
Eisenkraut, Echtes	202							•	•	•			
Engelwurz, Wilde	256							•	•	•			
Fetthenne, Prächtige	62							•	•	•			
Flammenblume, Rispige	151							•	•	•			
Heilziest	200							•	•	•			
Königskerze, Großblütige	177							•	•	•			
Kratzdistel, Acker-	219							•	•	•			
Majoran, Echter	192							•	•	•			
Minze, Pfeffer-	190							•	•	•			
Platterbse, Breitblättrige	71							•	•	•			
Rainfarn	236							•	•	•			
Sauerklee, Aufrechter	118							•	•	•			
Seifenkraut, Gewöhnliches	146							•	•	•			
Sommerflieder	176							•	•	•			
Sonnenblume, Einjährige	227							•	•	•			
Teufelsabbiss	248							•	•	•			
Waldrebe, Gewöhnliche	52							•	•	•			
Wasserdost	225							•	•	•			
Ysop	181							•	•	•			
Dost, Echter	193							•	•	•	•		
Goldrute, Echte	234							•	•	•	•		
Schmuckkörbchen	222							•	•	•	•		
Besenheide	155								•	•			
Aster, Berg-	209								•	•	•		
Aster, Glattblatt-	212								•	•	•		
Aster, Raublatt-	210								•	•	•		
Efeu, Gewöhnlicher	252								•	•	•		
Topinambur	228									•	•		

Literatur

Abrol, D. P. *Pollination Biology. Biodiversity, Conservation and Agricultural Production.* Springer, Heidelberg 2012

Amiet, F./Krebs, A. *Bienen Mitteleuropas. Gattungen, Lebensweise, Beobachtung.* Haupt, Bern 2012

Barth, F. G. *Biologie einer Begegnung. Die Partnerschaft der Insekten und Blumen.* DVA, Stuttgart 1982

Bellmann, H. *Bienen, Wespen, Ameisen. Hautflügler Mitteleuropas.* Franckh-Kosmos, Stuttgart 1995

Bentley, B./Elias, T. (Hrsg.). *The Biology of Nectaries.* Columbia University Press, New York 1983

Brackenbury, J. *Insects and Flowers. A Biological Partnership.* Blandford, London 1995

Dafni, A./Hesse, M./Pacini, E. (Hrsg.). *Pollen and Pollination.* Springer, Wien/New York 2000

Dahlgren, G. (Hrsg.). *Systematische Botanik.* Springer, Heidelberg 1987

D'Arcy, W. G./Keating, R. C. (Hrsg.). *The Anther. Form, Function, Phylogeny.* Cambridge University Press, Cambridge 1996

David, W. *Lebensraum Totholz. Gestaltung und Naturschutz im Garten.* pala, Darmstadt 2010

Düll, R./Düll, I. *Taschenlexikon der Mittelmeerflora. Ein botanisch-ökologischer Exkursionsbegleiter.* Quelle & Meyer, Wiebelsheim 2007

Düll, R./Kutzelnigg, H. *Taschenlexikon der Pflanzen Deutschlands und angrenzender Länder. Die häufigsten mitteleuropäischen Arten im Porträt.* 7. A. Quelle & Meyer, Wiebelsheim 2011

Evers, U. *Schmetterlinge im Garten – ansiedeln, beobachten, bestimmen.* Ulmer, Stuttgart 2009

Frisch, K. von. *Aus dem Leben der Bienen.* 10. A. Springer, Heidelberg 1993

Günzel, W. R. *Das Insektenhotel. Naturschutz erleben.* pala, Darmstadt 2007

Günzel, W. R. *Das Wildbienenhotel. Naturschutz im Garten.* pala, Darmstadt 2011

Hagen, E. von. *Hummeln – bestimmen, ansiedeln, vermehren, schützen.* 4. A. Naturbuch-Verlag, Augsburg 1994

Hesse, M. & al. *Pollen Terminology. An Illustrated Handbook.* Springer, Wien 2009

Hesse, M./Ulrich, S. «Erstaunliche Schönheit, verblüffende Vielfalt: Pollen». In: *Biologie in unserer Zeit* 42, S. 35–41 (2012)

Himmelhuber, P. *Mein Garten lebt. Vögel, Schmetterlinge, Igel, Wildbienen und andere nützliche Tiere ansiedeln.* Ökobuch, Staufen 2011

Hintermeier, H./Hintermeier, M. *Bienen, Hummeln, Wespen im Garten und in der Landschaft.* Obst- und Gartenbauverlag. München 2002

Hoffmann, S. *Die Welt des Honigs.* Umschau, Neustadt 2009

Jäger, E. (Hrsg.). *Rothmaler Exkursionsflora von Deutschland. Bd. 5: Krautige Zier- und Nutzpflanzen.* Spektrum, Heidelberg 2008

Jäger, E. & al. (Hrsg.). *Rothmaler Exkursionsflora von Deutschland. Bd. 2: Gefäßpflanzen: Grundband.* 20. A. Spektrum, Heidelberg 2011

Kowarik, I. *Biologische Invasion.* 2. A. Ulmer, Stuttgart 2010

Kremer, B. P. *Wildpflanzen für den Garten.* Gräfe und Unzer, München 1996

Kremer, B. P. *Steinbachs Großer Pflanzenführer.* Ulmer, Stuttgart 2011

Kremer, B. P. *Blütengeheimnisse. Wie Pflanzen werben, locken und verführen.* Haupt, Bern 2013

Lüder, R. *Bäume bestimmen – Knospen, Blüten, Blätter, Früchte Der Naturführer für alle Jahreszeiten.* Haupt, Bern 2013

Mabey, R. *essbar. Wildpflanzen, Pilze, Muscheln für die Naturküche.* Haupt, Bern 2013

Maurizio, A./Schaper, F. *Das Trachtpflanzenbuch. Nektar und Pollen – die wichtigsten Nahrungsquellen der Honigbiene.* Ehrenwirth, München 1994

Nicolson, S. W./Nepi, M./Pacini, E. *Nectaries and Nectar.* Springer, Heidelberg 2007

Nowottnik, K. *Faszination Bienen.* Österreichischer Agrarverlag, Klosterneuburg 1997

Pfister, T. & al. *Heilkräuter im Garten – pflanzen, ernten, anwenden.* Haupt, Bern 2014

Pritsch, G. *Bienenweide. Trachtpflanzen erkennen und bewerten.* Franckh-Kosmos, Stuttgart 2007

Proctor, M./Yeo, P./Lack, A. *The Natural History of Pollination.* Harper & Collins, London 1996

Schäffer, A./Schäffer, N. *Schmetterlinge, Libellen und andere Wirbellose im Garten. Bestimmen – Beobachten – Schützen.* Aula, Wiebelsheim 2009

Schick, B./Spürgin, A. *Die Bienenweide.* 4. A. Ulmer, Stuttgart 1997

Stanley, R. G./Linskens, H. F. *Pollen. Biologie, Biochemie, Gewinnung und Verwendung.* Freund, Greifenberg 1985

Tautz, J. *Phänomen Honigbiene.* Spektrum, Heidelberg 2007

Thomas, A. *Gärtnern für Tiere. Das Praxisbuch für das ganze Jahr.* Haupt, Bern 2013

Weber, E. *Invasive Pflanzen der Schweiz erkennen und bekämpfen.* Haupt, Bern 2013

Weiß, K. *Bienen und Bienenvölker.* C. H. Beck, München 1997

Zurbuchen, A./Müller, A. *Wildbienenschutz – von der Wissenschaft zur Praxis.* Haupt, Bern 2012

Arco Images Diez, O. 87o

Blickwinkel Teigler, F. 95u | Wagner, K. 86u, 97M

Dreamstime Angelici, Mariarosa 73u | Erikamit 59ul | Irop 177M | Ivashchenko, Mykola 184u | Khoroshman, Galina 228u | Kozlovska, Milada 146o | Mueringer, Christian 131u | Zprecech 226

Flickr, CC-BY-SA-2.0 Abegglen, Martin 227 | Baviere, Guillaume 142o | Beetham, John 118ro, 151l, 211ul, 211ur | Blachier, Pascal 49o, 92lo | Bohne, Guido 241M | Botanischer Garten TU Darmstadt 157o | Caulfield, Allie 117o | chipmunk_1 59ur | Clift, Brian 90ro | cod_gabriel 207u | Coleman, Mark A. 131M | Cummins, Mimi 151ro | de Graaf, Jan 247u | digital cat 253ol | Dulaunoy, Alexandre 169ul | Dumat, Maja 48u, 70M, 74o, 78o, 105M, 116, 118l, 118ru, 128u, 130u, 160u, 171u, 209l, 236o, 168 | dw_ross 87ur | Echenard, Jean-Daniel 122o | Falkdalen Lindahl, Lars 239o | Fenwick, Paul 228ol | Finkle, Eran 24 | Folini, Franco 61o, 125or | Granholm, Ale 258M | Hamshire, Gail 126u, 218o | happy days photos and art 41o, 112ro, 109ur | Hausken, Randi 125u | Hempel, Jörg 50o, 56o, 94o, 178M, 182o, 196o, 196u | Henkel, Harald 246u | Hillier, M. 243u | Husby, Ole 60u, 248o, 248u | hyper7pro 78u | InAweofGod'sCreation 138ul | Juuyoh, Tanaka 250u | kahvikisu 58 | Kiya, T. 109ul | kriimuroheli-sedsilmad 220o, 221ur | Kylberg, Hans 112rM | Laakso, Tero 205u, 206u | Launay, Sébastien 83o | Lavin, Matt 75o, 80M, 83u, 114ol, 162ro, 170u, 206u, 219u | Leosetä 173o | Lewis, Carl E. 63or, 151ru, 255o | Lilley, Steven 81o, 81u | lilli2de 138ur | Lingouvernable 149l | Lund, Tom 244o, 244u | Lundberg, Sigfrid 236u | Luque, Alberto 65 | Mabbett, Andy 52u | Mayer, Joshua 103ro, 210, 211o | McCoubrie, Paul 126o | Molitor, Gernot A. 74u | Moreira, Andrés 101u | Morley, Dean 219o, 233u | mornarsamotarsky 100ro | Mypouss 193o | NATT-at-NKM 95o, 182u | Newton, Jack 255u | nociveglia 183o | Ortega, Jose Felipe 152u | Peter aka anemoneprojectors 75u, 85u, 117u, 185o, 260u | Pettitt, Martin 176ru | Pratt, Jason 71u | Rae, Sandy 129ro, 158u | Räisänen, Oona 179ur, 235or | Rodriguez, Carmona 90l | Saez, Mariela 139u | San Martin, Gilles 67ol | Schaefer, Rudolf 224l | Scheel, Silke 166or | Schmidt, Udo 71o, 148lo, 153l, 220u | Schmitt, Martin 176ro | Sellens, Phil 159o | Serigrapher 233o | Shortland, John 136ul, 159u, 241o | Simon, Joan 46or, 85or, 252o | Sirpale79 185u | Slater, Amanda 105u | Slater, Steve 243M | Standish, Patrick 178u, 207o | stanzebla 222o, 238u | Starr, Forest and Kim 192o | Staudacher, Alois 67u, 92r, 110u, 112ol, 112u, 123ol, 123ru, 127ol, 127ur, 141r, 145u, 148lu, 167o, 170o, 177r, 179ul, 194o, 198o, 218u, 221o, 224r, 225l, 229o, 230l, 230r, 257o | Stoutcob 115o, 180 | Strauhmanis, Ervins 209r | Taeger, Oonagh 181u | Tann, John 122u | time

anchor 106u | Titkov, Nickolas 130M | Todorovic, Tatjana 253u | Tribe, Michelle 79M | Tyne, Bill 56u | Valero, Jacinta Lluch 48o | Vassen, Frank 217 | Walker, Tim 176l | West, Liz 42M | Westerveld, Esther 166ol | Wright, D. H. 246o | yellow_bird_woodstock 222u

Fotolia Baumgart, Karina 182u | cmfotoworks 66u | evbrbe 76/77u | Gruendemann, Eva 91ul | Pedant, Christian 77o | Steiner, Carmen 57o

Hecker, Frank 30l, 16r

www.ImagesFromBulgaria.com, CC-BY-SA-2.5 Kunev, Georgi 85ol, 130o

Kremer, Bruno P. alle Grafiken; 14, 16l, 18u, 18or, 20, 21, 25l, 25r, 26, 31, 34, 35, 40u, 52o, 63u, 64, 98u, 102u, 105or, 107or, 108u, 120u, 145o, 145M, 153r, 155lu, 157ur, 163l, 165ru, 166u, 173M, 177l, 178o, 189r, 199o, 199u, 205o, 208l, 212u, 238o, 242l, 258o, 259ol, 259ur, 261o

Müller, Walter 11ul, 23, 32, 91or, 235u, 237

Okapia/imagebroker/G_Hanke 197

Photoshot/Authors Images 89o

Pixabay, CC-BY-SA-0 1.0 35069 111o | animus 82 | Braxmeier, Hans 49M, 81M, 96l, 103l, 107ol, 133ol, 133or, 133M, 134M, 144lo, 148r, 149ru, 164r, 175ro, 175ru, 186o, 201u, 241ul | Carter, Pam 213o | Efraimstochter 190u | Kakati, Vikramjit 214u | Mark, David 146M, 174ru, 216 | PublicDomainPictures 204u | Vicol, Emilian Robert 91ol, 214o, 245o

Pixelio angieconscious 44M | Arnold, Albrecht E. 79o, 137u, 147ur, 191o | bbroianigo 228or | Bohot, Peter 215u | Brandt, C. 144lu | Bührke, Michael 107ul | Dirscherl, Wolfgang 154ro | dmb 99o | Domaris 188u | Dreiucker, Uschi 59o, 143M | Dumat, Maja 104r, 108ro, 132, 171o | Eberl, Walter 147ul | Eckstein, Rosel 121or | Florentine 133u | Freitag, Peter 53u | gänseblümchen 156o, 252u | Geißler, Sabine 53o | Gerhardt, Klaus-Uwe 102or, 107ur, 136ur | Großmann, M. 135M | Hartmann, Erika 42o, 88ol, 88u | Hermsdorf, Andreas 50u, 149ro | johnnyb 143o, 190o | Joujou 38u, 167M | Keppler, Erich 70o | Klockmann, I. 155r | knipseline 44o | Köhn, Hans-Joachim 84o, 121u, 140l, 154ru | Kunze, Uwe 100l | Lanznaster, Maria 160o | Liebisch, Karl-Heinz 88or | Luise 125M, 142M, 231, 254o | Meyer, Harry 198u | moorhenne 128ol | mundm 215or | qay 163r, 232 | Röhl, Peter 43l, 55o, 93o, 124l | Rudolph, Ruth 108rM | Salzer, Helmut J. 158o | Sawistowski, Elke 136M | Schmich,

Susanne 155lo | Schmidt, Petra 142u | Schoenemann, Gabriele 143u | twinlili 213u | uwe275 44u | Velten, Ulrich 72 | Weber, P. 51o | Wengert, Thorben 110o, 110M | Wolter, Angelika 70u | x-ray-andi 103ru, 105ol

Shutterstock AdStock RF 154l | anotherlook 45o | Bildagentur Zoonar GmbH 69 | Fowler, Martin 129ol | Gucio_55 18ol | MarkMirror 43r, 124r | Matthew, V. J. 36/37 | Wierink, Ivonne 167u

Storch, Volker 15u

Wikimedia Commons, Public Domain Collard, Lewis 245u | Dendrofil 175l | Greb, Peggy, USDA ARS 73o | Kohl, Bernie 9, 12 | Martin, Javier 61u, 62, 68o | Michels, Leo 157ul | Purdy, Mark 152o | Rockstein, Andreas 119o, 131o, 162ru, 169o, 184o, 202u, 259or, 259ul, 260o, 261ur **CC-BY-SA-2.1** Jnn 161l **CC-BY-SA-2.5** Bartz, Richard 22o | Böhringer, Friedrich 239u, 247o | Schwen, Daniel 40o | Willow 119ul, 119ur, 129ru, 241ur **CC-BY-SA-3.0** 3268zauber 57u, 135o | 4028mdk09 51u, 98ol, 98or, 141l, 147o, 174l, 225r, 243o | Aconcagua 86o | Aiwok 80u, 129rM, 242r | Allorge, Lionel 164l | Andersson, Martin 11ur | Apel, Michael 212o | Asio otus 250o | Barthel, Denis 202o | Batigne, Stéphane 128oM | Bergsma, Dominicus Johannes 39, 258u | BerndH 80o | Bff 235ol, 249ol, 249or | Böhringer, Friedrich 120o | BotBln 113o | Bresson, Thomas 254u | Buhl, Vera 174ro | Cb89 101o | Datkins 188M | Descouens, Didier 121ol | El Grafo 84u | Erik, Tauno 11o | Fiegle, Michael 6|7 | Filippov, Petr 138o | Fischer, Christian 13u, 46u, 179o, 256o, 256u | Forget, Yann 173u | Först, Johannes Otto 91ur | Friese, Uwe Horst 106o | Geçit, Musa 188o | Goku122 215ol | Grandmont, Jean-Pol 46ol | Guérin, Nicolas 15o | Hagedorn, Gregor 161r | Hagens, Wouter 87ul | Hajotthu 187o, 187u | Hangsna 249u | Hansen, Eugenio 253or | Haynold, Bernd 79u, 189l | Hempel, Jörg 102ol | Hillewaert, Hans 68u, 76o, 96r, 97ol, 115M, 141M, 203r | Holiš, Radim 165l, 165ro | Hulhoven, Réginald 134o, 134u | ImkerHCH 121M | Jakubec, Karel 193u, 200o | Jamain 136o, 169ur | Jansoone, Georges 172 | Johansson, C. T. 137o, 137M, 139o | Kallerna 127ul | Kohl, Bernie 8 | Korzun, Andrey 100ru | Kotulič Jozef 108ol | Krisp, H. 54o | Laarmann, Stefan 146u | Lanjšček, Franc 10 | Leidus, Ivar 93u,162l, 221ul | Letartean 29 | Lilly M 191u, 208r | Line1 45u | Lubman04 114u | Malte 67or, 104l, 113u | Mata, Mario Modesto 195o | MdE 183u | Meisch, Claude 150u | MPF 99u | Nagel, Norbert 150o | N-Baudet 194u | Neyt, Dimitri 186u | Pechar, Luboš 158M | Père Igor 89u | Philmarin 135u | Pichard, Olivier 49u, 128or, 204o | Pisanty, Gideon 97u | Porse, Sten 181o | Pryma 200u | Rauscher, Benedikt 125ol | Riebling, Lukas 240 | Ruestz 257u | Skála, Ben 203l | Slickers, Georg 114or, 223o, 223u | Spaan, Teun 47r, 144r | Spacebirdy 28 | Storch,

Hedwig 66o, 245M | Tribble, David R. 195M | van der Molen, Sander 90ru, 109o | Vincentz, Frank 123ro | Virtala, Matti 111u | Waugsberg 22u | Wilde Kaiser 229u | Wildfeuer 99M | Zefram 63ol | Zell, H. 38o, 41u, 42u, 47l, 54u, 55u, 60o, 94u, 97or, 140r, 156u, 195u, 201o, 234o, 234u, 251l, 251r, 261ul | Σ64 127or |

Zwittnig, Benjamin, CC-BY-SA-2.5 92lu, 115u

Register

269